1 宇宙演进

丛 书 主 编　李建中
丛书副主编　谈朗玉　李大东　张令朝
本 卷 主 编　刘玉振

科普通鉴

KEPU TONGJIAN
YUZHOU YANJIN

中国科学技术出版社
河南科学技术出版社

图书在版编目（CIP）数据

宇宙演进/刘玉振主编．—郑州：河南科学技术出版社，2013.10
（科普通鉴/李建中主编）
ISBN 978-7-5349-6597-5

Ⅰ.①宇…　Ⅱ.①刘…　Ⅲ.①宇宙-天体演化-普及读物
Ⅳ.①P159.3-49

中国版本图书馆CIP数据核字（2013）第227847号

出版发行：中国科学技术出版社
地址：北京市海淀区中关村南大街16号　　邮编：100081
电话：（010）62106522
网址：www.cspbooks.com.cn
河南科学技术出版社
地址：郑州市经五路66号　　邮编：450002
电话：（0371）65737028
网址：www.hnstp.cn
策划编辑：李喜婷　冯　英
统筹编辑：尚伟民　蒋云鹏　徐　涛
责任编辑：朱　超
责任校对：柯　姣
封面设计：赵　钧
版式设计：赵玉霞
责任印制：朱　飞
印　　刷：郑州金秋彩色印务有限公司
经　　销：全国新华书店
幅面尺寸：185 mm×260 mm　印张：12.25　字数：199千字　彩插：8
版　　次：2013年10月第1版　2013年10月第1次印刷
定　　价：32.00元

《科普通鉴》丛书

主　编　李建中

副主编　谈朗玉　李大东　张令朝

《科普通鉴·宇宙演进》编委会

序

科技是人类智慧的伟大结晶，创新是文明进步的不竭动力。

回首文明历程，是科技之光涤荡了人类历史上蒙昧的阴霾，是科技之火点燃了人类心灵里求知的火焰，是科技之灯照亮了人类发展中光辉的前程。科学技术的每一次重大突破，每一项发明创造的诞生，都使人类对客观世界的认识发生质的飞跃，都使人类改造世界的能力得到革命性的提升。18世纪后的几百年，是科学技术突飞猛进的历史时期。数学、物理、化学、天文学、地学和生物学等各个领域的研究均取得了空前成就，并引发了一次又一次重大理论革命，其中，最具划时代意义的莫过于牛顿力学、相对论和量子力学的创立。与此同时，深刻改变人类生存状态和生产、生活方式的发明创造也纷纷问世。在不计其数的发明、发现中，蒸汽机、电话、火车、汽车、医用X光片、青霉素、DNA双螺旋结构、火箭、阿波罗10号太空舱、计算机等无疑是改变世界的重大发明、发现与创造。

放眼新的世纪，科技已经成为推动经济社会快速发展的主导力量和创造社会财富的主要源泉，成为国家间、区域间竞争的核心和推动未来发展的决定性力量。为了在竞争中取得优势地位，各国、各地区，特别是发达国家及地区都高度重视科技创新和发展。在此背景下，全球创新浪潮此起彼伏，科技发展日新月异，创新成果大量涌现。人类基因组序列图完成、细胞重新编程技术、人类最早祖先确定、宇宙存在暗物质的猜想被证实、干细胞研究的新进展、纳米技术研究的新突破、欧洲强子对撞机启动、人类探测器创最远纪录和七大数学难题之一——庞加莱猜想被证明等被认为是近十年来取得的最具科学价值，并可能对人类生存与发展产生重大影响的重大科技成就。

在人类文明的历史长河中，科学技术虽然得到了空前发展，取得了辉煌成就，但在前进的道路上依然有无数难题等待我们去破解，众多未知世界等待我们去认识。随着人口数量的急剧增加，自然资源的逐渐枯竭和生态环境的日益恶化，人类正面临前所未有的生存挑战和危机。毫无疑问，应对挑战、解决危机，只有依靠科技的不断创新与发展。在可以预见的未来，为了拓展生存空间，提高生存质量，必将掀起一场以信息科技革命为先导、新材料科技为基础、生命科技为核心、新能源科技为动力、海洋科技和航天科技为内拓和外延的新的科技创新浪潮。伴随新一轮科技创新浪潮的到来，新的发明创造也必将与日俱增。有科学家预言，未来百年，人体器官克隆再造、灭绝动物复活、战胜癌症、建造星际飞船和太空电梯等梦想可能变为现实。

当前，亿万中华儿女正在为实现中华民族伟大复兴的“中国梦”而努力奋斗。实现这一百年梦想，关键在于弘扬创新精神，增强创新能力，加快创新步伐，让科技之花在创新中萌芽，在创新中成长，在创新中绽放。

发达国家的经验昭示我们，加快科技创新，提高科技水平，既要依靠科技精英们的刻苦攻关，发明创造，也有赖于公民科学素质的普遍提高。有调查显示，我国公民的科学素质水平较发达国家差距甚大，与走中国特色的自主创新之路、建设创新型国家的要求相去甚远。为尽快提升我国公民的科学素质水平，从2006年起我国启动了旨在推动公民科学素质建设的全民科学素质行动计划，希望到2020年，公民科学素质在整体上有大幅度提高，达到世界主要发达国家21世纪初的水平。

科普图书是展示科学技术的重要窗口，是普及科技知识的重要载体，也是传播科技文明的重要途径。国内外都十分重视科普图书的创作出版。在琳琅满目的科普图书作品中，不乏影响深远的精品力作。这些作品为传播科技文明、普及科学知识做出了历史性贡献。时代在进步，科技在发展。紧跟时代步伐，把握科技动态，繁荣科普创作，不断创作出版符合时代特点、反映当代科技发展水平的科普图书精品，不仅是加强公民科学素质建设，提升公民科学素质的迫切要求，也是科技界有识之士的共同心声。

科学技术协会是新中国科普事业的主要开创者和推动者。在开展公民科学素质建设，提高公民科学素质水平的历史进程中，肩负着重要责任和神圣使命。我们组织编写的这部《科普通鉴》丛书既是履行“责任”和“使命”，也是对科技界有识之士呼声的积极响应。

20世纪中叶以来，科学技术进入了多科交叉、互为渗透、综合发展的历史时期，形成了学科林立、知识纷繁的新格局。面对浩如烟海的科学世界，如何确定这部书的编写原则和选题范围是应当首先解决的问题。经与有关专家学者反复研究论证，我们确定了“通览科技文明，鉴取创新精粹”的编写原则，并确定从理、工、农、医和高新科技五大领域中选取26个公众关注度较高的热点选题，按26卷组织编写这部丛书。

面向具有中等以上文化程度的青少年、农民、城镇劳动者、城市社区居民、领导干部和公务员等重点人群，弘扬科学精神，传播科学思想，倡导科学方法，普及科学知识是编写本书的出发点和根本目的。考虑到读者对象年龄、职业、身份的多样性和对知识需求的差异性，本书着重介绍具有基础性、通用性、新颖性和前瞻性的知识，读者可以根据自己的需求或兴趣进行阅读；在阐述方法上尽可能做到重点突出，脉络清晰，尽可能融入人文精神，体现人文情怀，避免科技知识的简单介绍和罗列；在语言风格上力求文笔流畅，深入浅出，生动活泼，雅俗共赏，以达引人入胜的效果。

选择高水平的主编是编好这部丛书的关键。为此，我们发挥科学技术协会学会众多，学科齐全，人才荟萃，联系广泛的优势，面向省内外征集各卷主编候选人。最后经全面比较，优中选优，确定了各卷主编人选，为本书的编写出版奠定了坚实基础。在此我们谨向为本书主编遴选、编写、出版给予大力支持的河南省医学会、气象学会、农学会、地理学会、地震学会、地质学会、机械工程学会、反邪教协会和省气象局、郑州大学、河南大学、河南农业大学、河南工业大学、河南科技大学、河南中医学院、河南科技学院、河南轻工业学院、《太空探索》杂志社、河南科技报社、河南科技活动中心、中国科学技术出版社、河南科学技术出版社等学（协）会和单位表示诚挚的感谢！

作为一部多达26卷的大型科普丛书，其涉及领域广，学科多。在内容上为了尽可能避免交叉重复或矛盾冲突，在体例和语言风格上为了尽可能保持相对统一，我们制订了较为详细的编写方案，对各卷的内容范围和全书的体例风格做了必要界定和规范。但是，由于我们学识水平有限，统筹协调不够，编写时间仓促，加之一些担任主编的同志是首次承担科普类作品的编写任务，缺乏相应经验，所以，虽然付出了大量心血，个别卷仍然存在内容取舍不够得当，语言风格不够生动活泼等问题。这些缺憾，我们将在再版重印时加以修订改进。诚恳希望广大读者对本丛书的修订改进提出宝贵意见和建议，以便再版时提高质量。

河南省科学技术协会主席、党组书记　李建中

2013年6月

目 录

引 言

浩瀚无垠的宇宙神秘莫测，总以其巨大的诱惑力吸引着人类无限向往的目光和艰难探索的脚步。当黄昏送走天边最后一抹红霞，夜幕降临，微风和煦，躺在空旷的草地上仰望苍穹，一个璀璨的星空世界便如神话般展现在你的面前。曾几何时，你也一定曾躺在外婆的怀里，数着那些眨着眼睛的小星星，问外婆它们为什么向自己眨眼睛；也许，你也曾坐在门外大树下的小竹凳上，听老人们讲述牛郎织女、嫦娥奔月的故事，漫漫长夜，睡意索然，思绪翻飞，浮想联翩。也许现在的你每天面对繁重的工作或学习压力，已经被压得再没有闲暇去追寻关于月亮、星星的故事了。可是，那些童年的故事，那眨眼的星星、皎洁的月光、载着爱情的银河、神秘浪漫的流星雨却从来没有从你的脑海里消失，因为探索我们头顶神秘的太空是人类永恒的欲望。

在惊叹自然界玄奥神奇的同时，我们也在不断挖掘自身的聪明智慧，逐渐追寻未知世界的答案。宇宙到底是什么模样？它从哪里起源，又将演化出什么样的结局？除了我们熟知的银河系、河外星系，还有哪些未知的神奇？夜空里皎洁的星河，那里是否真的有牛郎织女，是否有希腊神话里的众神？恒星真恒吗？太阳是否永远会从东方升起，亘古不变？金星上真的有人居住过吗？月球到底是不是外星人的基地？……随着现代科技文明的不断发展，人类对宇宙的认识更辽阔、更细微。从哥白尼的天体运行论到牛顿从一只苹果提出万有引力，从中国的火药发明到今天的飞船造访月球，我们在一步步追寻宇宙的谜底。以地球为原点，然后延伸到太阳系，进而延伸到银河系，再扩展到河外星系和总星系，这些内容构成了宇宙，丰富了宇宙的内涵，为读者开启了科学、严谨、精彩神秘的世界奥秘之门。

1 宇宙概说

“宇”是个空间概念，它包含各个方向，如东南西北；“宙”则指一切不同的具体时间，包括过去、现在、白天、黑夜等。“宇宙”就是时间和空间的统一。那么宇宙是什么时候、如何诞生的？宇宙具有什么样的形状和结构？宇宙是由什么组成的？宇宙经历了怎样的演化历程、将来如何结局？这些问题都是人类所关心的。

本章概略阐述了宇宙的起源、宇宙的结构和宇宙的演化等诸多方面关于宇宙的基本情况。从远古的神话传说、古宇宙观到现代宇宙学说，特别是“宇宙大爆炸”理论，从宇宙的宏观结构到微观结构，从宇宙的正常物质、暗物质到暗能量组成，从宇宙的过去、现在和将来等方面，使读者对宇宙的起源有一个系统、整体、全面和科学的认识。

1.1 宇宙起源

关于宇宙的起源，有过许多神话传说。基督教认为是上帝创造了世界，中国古代神话则认为是盘古开辟了天地。然而神话与故事终究是传说，被赋予了太多的想象与虚构。透过人类发展的历史和对宇宙的探索，人类一直在不懈地追求着宇宙起源的真正原因，科学家们对宇宙的起源做了种种研究和推测，提出了许多科学假说。在众多关于宇宙起源的假说中，最具说服力的首推“宇宙大爆炸”理论，该理论认为宇宙是由大约137亿年前发生的一次大爆炸形成的，这为宇宙起源的研究开拓了新的课题，也为人类留下了更为广阔的探索空间。

1.1.1 宇宙起源神话及古宇宙观

宇宙，这是一个既熟悉而又带有神秘色彩的字眼，为了探寻无穷宇宙中的奥秘，人类对宇宙进行了不懈的探索，其探索过程几乎和人类的历史一样长。在几千年的悠久历史文化中，对宇宙的起源、进化及形成，世界各族人民怀着好奇之心，在相对独立的条件下，演绎出了各自的创世神话和宇宙观。

（1）盘古说

盘古是中国古代传说中开天辟地的神。传说在天地还没有开辟以前，宇宙是一个像“大鸡蛋”一样混沌的一团。一个叫作盘古的巨人在这个“大鸡蛋”中一直酣睡了约一万八千年，醒来时发现周围一团黑暗，他便举起巨大的斧子向黑暗劈去，一声巨响，“大鸡蛋”碎了，千万年的混沌被搅动了。其中又轻又清的东西慢慢上升并渐渐散开，变成蓝色的天空；而那些厚重混浊的东西慢慢地下降，变成了脚下的土地。盘古站在这天地之间非常高兴。但他很怕天地再合拢起来变成以前的样子，于是就用双手撑着青天，双脚踏着大地，自己的身体每天长高一丈，天地间的距离也随着他的身体每天增高一丈。这样一直过了十万八千年，天越来越高，地越来越厚，盘古的身体长得有九万里那么高了。

盘古凭借着自己的神力终于把天地开辟出来了，可是他也累死了。盘古死后，他嘴里呼出的气变成了四季飘动的云，声音变成了天空的雷霆，左眼变成了太阳，右眼变成了月亮，头发和胡须变成了夜空的星星；身体变成了东、西、南、北四极和雄伟的三山五岳，血液变成了江河，筋脉变成了道路，肌肉变成了农田，牙齿、骨骼和骨髓变成了地下矿藏，皮肤和汗毛变成了大地上的草木，汗水变成了雨露。传说盘古的魂魄在他死后变成了人类，所以都说人类是世上的万物之灵。

（2）盖天说

盖天说是我国古代最早的宇宙结构学说。这一学说认为：天是圆形的，像一把张开的大伞覆盖在地上；地是方形的，像一个棋盘；日月星辰则像爬虫一样过往天空。因此这一学说又被称为天圆地方说。

天圆地方说虽然符合当时人们粗浅的观察常识，但实际上却很难自圆其说。比如方形的地和圆形的天是怎样连接起来的，就是一个问题。后来，天圆地方说又被修改为：天并不与地相接，而是像一把伞高悬在大地上空，中间有绳子缚住它的枢纽，四周还有八根柱子支撑着。但是，这八根柱子撑在什么地方呢？扯着伞的绳子又拴在哪里？这些都是天圆地方说无法回答的。

图1-1 盖天说

到了战国末期，新的盖天说诞生了。新盖天说认为：天像覆盖着的斗笠，地像覆盖着的盘子，天和地并不相交，它们之间相距8万里，盘子的最高点便是北极。太阳围绕北极旋转，太阳落下后并不是落到地下面，而是到了我们看不见的地方，就像一个人举着火把跑远了，我们就看不到了一样。新盖天说不仅在认识上比天圆地方说前进了一大步，而且对古代天文学的发展产生了重要的影响。

在新盖天说中，有一套很有趣的显示天高地远的数字和一张说明太阳运行规律的示意图——七衡六间图。七衡六间图由七个同心圆组成，每一个圆为一衡，衡与衡之间为一间，衡间相去一万九千八百三十三里一百步，每一衡表示太阳在不同季节的运行轨道。每年冬至，太阳沿最外一个圆（外衡）运行，太阳出于东南而没于西南，日中时距地平高度最低；夏至，太阳沿最内一圆（内衡）运行，太阳出于西北而没于西北，日中时距地平高度最高；春分秋分时，太阳沿当中一个圆（中衡）运行，太阳出于正东而没于正西，日中时距地平高度适中。各个节令都沿不同的衡运动）。后世中许多圭表都是高八尺，就是和新盖天说中的天地相距八万里有直接关系。

盖天说是一种原始的宇宙认识论，它对许多宇宙现象不能做出正确的解释，同时本身又存在许多漏洞。到了唐代，天文学家僧人一行等人通过精确的测量，彻底否定了盖天说中“日影千里差一寸”的说法，盖天说从此便破灭了。

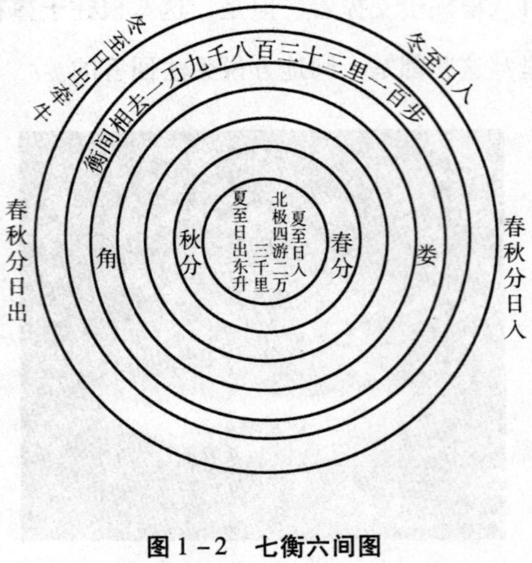

图 1-2　七衡六间图

（3）浑天说

东汉时期，著名的天文学家张衡提出了“浑天说”。浑天说认为：天和地的关系就像鸡蛋中蛋白和蛋黄的关系一样，地被天包在当中。浑天说中天穹的形状，不像盖天说中的那样是半球形的，而是一个南北短、东西长的椭圆球。大地也是一个球，浮在水上回旋漂荡。后来又有人认为地球是浮于气上的。

用浑天说来说明日月星辰的出没是相当简洁而自然的。浑天说认为：日月星辰都附着在天球上。白天，太阳升到我们面对的这边来，星星落到地球的背面去；到了夜晚，太阳落到地球背面去，星星升上来。如此周而复始，便有了星辰日月的出没。

浑天说把地球作为宇宙的中心，这一点与盛行于欧洲古代的地心说不谋而合。不过，浑天说虽然认为日月星辰都附着在一个坚固的天球上，但并不认为天球之外就一无所有了，它认为那里是未知的世界。这是浑天说比西方的地心说高明的地方。

浑天说提出后，并未能立即取代盖天说，而是两家各执己见，争论不休。但是，在宇宙结构的认识上，浑天说显然要比盖天说进步得多，能更好地解释许多天象。

另一方面，浑天说有两大法宝：一是当时最先进的观天仪——浑天仪。借助于它，浑天说支持者可以用精确的观测事实来论证浑天说。在中国古代，依据这些观测事实而制定的历法具有相当的精度，这是盖天说所无法比拟的。另一大法宝就是浑象。利用它可以形象地演示天体的运行，使人们不得不折服于浑天说的卓越思想。因此，浑天说逐渐取得了优势地位。

到了唐代，天文学家僧人一行等人通过大量的测量彻底否定了盖天说，此后，浑天说在中国古代天文领域称雄了上千年。

落下闳是浑天说的创始人之一，经他改进的赤道式浑天仪，在中国用了两千年。他还在天文学史上首次准确推算出 135 个月的日、月食周期，即 11 年应发生 23 次日食。根据这个周期，人类可以对日食、月食进行预报，并可校正阴历。

（4）宣夜说

宣夜说是我国历史上宇宙无限论思想的体现，在战国后期至东汉初期形成。东汉郗萌总结宣夜说为：天无形质且“高远无极”，日月星辰靠“气”浮于空中。宇宙没有固定的形状且是无限的，日月星辰并不是缀附在天球上的，它们都靠气的作用自然地漂浮在宇宙之中，并进行运动或静止。

不论是中国古代的盖天说、浑天说，还是西方古代的地心说，乃至哥白尼的日心说，都把天看作一个坚硬的球体，星星都固定在这个球壳上。宣夜说打破了固体天球的观念，这在古代众多的宇宙学说中是非常难得的。因此，宣夜说也可以说是中国古代一种朴素的无限宇宙观念。

然而，宣夜说认为，日月星辰“或顺或逆，伏见无常，进退不同，由乎无所根系，故各异也”，所以对它们的运行规律也无从谈起。另外，宣夜说没有提出自己独立的对于天体坐标及其运动的量度方法。这是宣夜说在一千多年内不能得到广泛发展的重要原因。

总之，宣夜说认为宇宙在空间上是无边无际的，并且进一步提出宇宙在时间上也是无始无终无限的思想，在人类天文学发展史上写下了光辉的一页。可惜宣夜说的卓越思想，在中国古代没有受到重视，几乎失传。

（5）托勒密地心说

古希腊天文学家、地理学家和光学家托勒密于 2 世纪提出了自己的宇宙结构学说，即地心说。其实，地心说是古希腊伟大的哲学家、科学家和教育家亚里士多德的首创，亚里士多德认为宇宙的运动是由上帝推动的。他认为：宇宙是一个有限的球体，分为天地两层，地球位于宇宙中心，所以日月围绕地球运行，物体总是落向地面；地球之外有9个等距天层，由里到外的排列次序是：月球天、水星天、金星天、太阳天、火星天、木星天、土星天、恒星天和原动力天，此外空无一物；各个天层自己不会动，上帝推动了恒星天层，恒星天层带动了所有的天层运动；人居住的地球，静静地屹立在宇宙的中心。

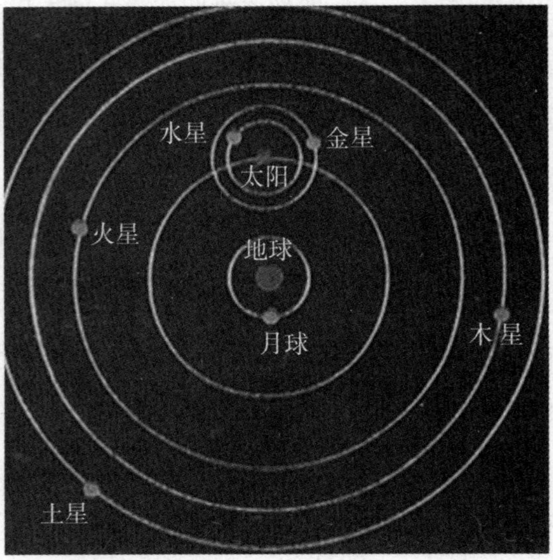

图1－3　托勒密地心说

托勒密全面继承了亚里士多德的地心说，并利用前人的积累和自己长期观测得到的数据，写成了8卷本的《伟大论》。在书中，他把亚里士多德的9层天扩大为11层天，把原动力天改为晶莹天，又往外添加了最高天和净火天。托勒密设想：各行星都绕着一个较小的圆周运动，而每个圆的圆心则在以地球为中心的圆周上运动。他把绕地球的那个圆叫“均轮”，每个小圆叫“本轮”，均轮是一些偏心圆。同时假设地球并不恰好在均轮的中心，而是偏开一定的距离。日月行星除沿上述轨道运行外，还与众恒星一起，每天绕地球转动一周。托勒密这个不反映宇宙实际结构的数学图景，却较为完满地解释了当时观测到的行星运动情况，并在航海上取得了实用价值，从而被人们广为信奉。

在当时的历史条件下，托勒密提出的行星体系学说，是具有进步意义的。首先，它肯定了大地是一个悬空着的没有支柱的球体。其次，从恒星天体上区分出行星、日、月是离我们较近的一群天体，这是把太阳系从众星中识别出来的关键性一步。

托勒密地心说并不具有物理的真实性，而只是一个计算天体位置的数学方案。至于教会利用和维护地心说，那是托勒密死后一千多年的事情了。教会之所以维护地心说，只是想歪曲它以证明教义中描绘的天堂、人间、地狱的图像。所以，托勒密的宇宙学说同当时的宗教并没有什么必然的联系。

（6）哥白尼日心说

16 世纪，人们相信的是托勒密创立的宇宙模式。然而，经过科学家们的仔细观测，几百年之后，这一模式的漏洞变得越来越明显。因为这一模式称每颗行星都沿着一个小轨道做圆周运动，而小轨道又沿着该行星的大轨道绕地球做圆周运动。但科学家们发现行星运行规律与托勒密的宇宙模式并不吻合。随后，一些科学家修正了托勒密的宇宙轨道学说，并在原有的轨道或称小天体轨道上又增加了更多的天体运行轨道，行星就这样沿着一道又一道的轨道做圆周运动。

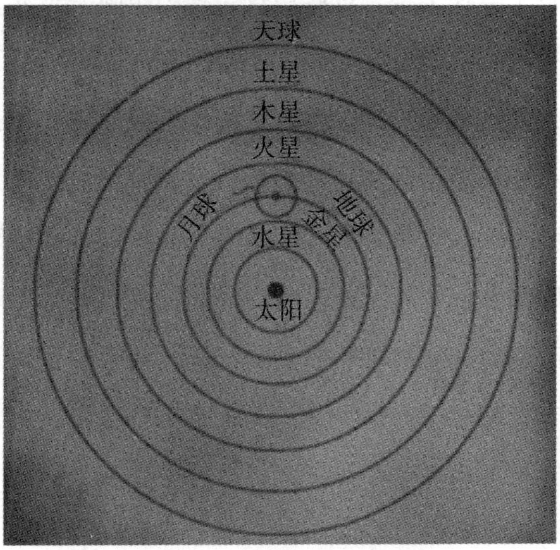

图 1－4　哥白尼日心说

哥白尼用先进技术来改进托勒密的测量结果，以期取消一些小轨道。在近20 年的时间里，哥白尼不辞辛劳日夜测量行星的位置，但其测量获得的结果仍然与托勒密的天体运行模式没有多少差别。但是，哥白尼没有放弃，因为他想知道在另一个运行着的行星上观察这些行星的运行情况会是什么样的。基于这种设想，一年里哥白尼在不同的时间、不同的地点从地球上观察行星，并发现每一个行星的情况都不相同，这时他意识到地球不可能位于行星轨道的中心。

经过20年的观测，哥白尼发现唯独太阳的周期变化不明显。这意味着地球和太阳的距离始终没有改变。因此他大胆预测：如果地球不是宇宙的中心，那么宇宙的中心就是太阳。他立刻想到如果把太阳放在宇宙的中心位置，那么地球就该绕着太阳运行。这样他就可以取消所有的小圆轨道模式，直接让所有的已知行星围绕太阳做圆周运动。

由于害怕教会的惩罚，哥白尼在世时不敢公开他的发现。直到1543年，这一发现才公诸天下。即便在那个时候，哥白尼的发现还是不断受到教会、大学等机构与天文学家的蔑视和嘲笑。终于，在60年后，开普勒和伽利略证明了哥白尼是正确的。

（7）古巴比伦的宇宙观

在古巴比伦，人们认为是魔力女神死后才造就了天与地。埃利什与水神阿普苏和蒂马特产卵生育了数代天神，这些后代天神中伊阿是长兄，他还有许多个弟弟。由于这些小天神很调皮，经常吵闹，使得阿普苏和蒂马特无法安然入睡，于是，阿普苏密谋要杀死这些小天神。然而，消息不胫而走，被伊阿知道了，伊阿抢先动手将阿普苏杀死了。蒂马特得知噩耗后发誓要报仇，于是她创造出了许多怪物，其中包括疯狗、蝎人、半牛人和巨龙等。与此同时，伊阿和女神达姆基娜也创造了长着四个眼睛和四个耳朵的马杜克。马杜克成为了伊阿和达姆基娜的保护神。在马杜克和蒂马特的恶战中，马杜克用一支箭射中了蒂马特的心脏。蒂马特的身体被撕成两半，变成天与地，之后马杜克又创造了人类，让人类去做天神不愿做的苦力差事，世界由此诞生。

（8）古埃及的宇宙观

古埃及人有几种关于天地的“创世神话”和宇宙观，但不论哪一种都认为最初的原始世界是由混沌的水构成的。

在古埃及的创世神话中，世界最初是处于混沌而无序的状态的。天神阿图姆希望自己具有灵魂和肉体，为了能在这个混沌的世界中占有一席之地，能够立足，他创造了一座小山。由于他没有性别，只能想别的办法创造后代，于是他从嘴里吐出了一个儿子，即空气之神——舒，接着，他又吐出了一个女儿，即湿气之神——特夫努特。这两个新创造出来的小天神负责重新改变宇宙的混沌状态。于是，舒和特夫努特创造了土地之神格布及天空之神努特。刚开始时，格布和努特是互相纠缠在一起的，后来，格布将努特举起来了，新的世界秩序便渐渐建立了起来。而舒和特夫努特则消失在黑暗之中。阿图姆为了寻找舒和特夫努特，挖出了自己那双能看到一切事物的眼睛，最后找到了舒和特夫努特，使得他们再次返回到阿图姆的身边。阿图姆十分高兴，激动得眼泪都流了下来，而落下的泪，落在地面上就形成了整个人类。

在古埃及木乃伊的棺木上绘画着古埃及人的另一种创世神话：大地是身披植物的男神西布的身躯，天穹则是屈身拱腰、姿态优美的女神吕蒂。最初，西布和吕蒂是相互联合在一起，静止于原始水中的。在创世之日，一个新的大气之神舒从原始水中出现，把西布和吕蒂分开。他用双手把女神吕蒂承托在上，而吕蒂就把双手伸开、叉开双腿支撑自己，成为天宇的四根柱子。西布的身体成为大地之后，立即被绿色的植物覆盖了，在这之后，动物和人诞生了。太阳神原来藏在原始水中莲蓬的花蕾里，天地分开之后，莲蓬的花蕾开放，太阳神腾空而起，升到天空，照耀天地，使宇宙温暖起来。

古埃及人的第三种创世神话，有点类似于古代中国的天圆地方说。它认为：天是一块平坦的或穹庐形的天花板，四方各有一个天柱（山峰）支撑，星星是用铁链悬挂在天上的灯；地是一个方形盒子，南方的一端稍长，方盒的底略呈凹形，埃及就处在这凹形的中心；在方盒的边沿，围绕着一条大河，尼罗河只是这条大河的一条支流；河上有一条大船载着太阳往返于东方和西方，使大地形成黑夜和白昼。古代埃及人之所以产生这类观念，是与他们生活的尼罗河凹地的地形有关的。古埃及人的生活全部集中在这条狭窄的，总共只有三四千米宽的尼罗河冲积地带之内，天长日久，就产生了以上种种观念，以后又增添了许多神话色彩，从而流传至今。

(9)《圣经》创世纪神话

在这些众多故事传说中，最被西方人认可、信仰的便是《圣经》中记载的关于宇宙起源的一个神话故事。

图 1－5　米开朗基罗画作《创世纪》

根据《圣经·创世记》中所记录的文字，可以推算出宇宙的诞生时间是在公元前 4004 年 10 月 23 日上午 9 时。上帝凭自己巨大的法力创造了宇宙，仅仅用六天时间便将一个混沌的世界分开，创造出了一个神秘莫测的宇宙大世界。

起初，地是空虚混沌的，上帝的灵运行在水上面。上帝想，要是有光就好了，于是，他在黑暗、混沌和水的大地上创造了“光”，宇宙的第一缕光出现了，光暗分开了。上帝称光为昼，暗为夜，分出了昼夜。上帝创造了空间，一个有着黑暗与光明的空间。这是第一日。

第二日，上帝在创造了空间后，发现空间没有上下之分，看上去没有层次。他说，诸水之间要有层次，于是，上帝造出了空气，将空气以上和空气之下的水分开了，上帝称空气为天。

第三日，上帝将水聚集在一起，使陆地露出了水面。上帝称陆地上旱处为地，聚水之处为海。上帝说，既然是地，地上要长出青草和菜蔬，还有可以结果的树木，果子都包着核，这样各从其类。这些有生命的植物诞生了。因为植物是有生命的，上帝也间接地创造出了时间。

第四日，上帝创造了日、月和星星。在还没有日月星辰之前，上帝已经创造出了“光”，天上要有光体，可以分昼夜，作记号，定节令、日子、岁月，并要发光在天空，普照在地上。于是，上帝造出了两个大光体，稍大的管昼，小的管夜。接着又造了众星，并把这些光体摆列在天空，普照大地，管理昼夜，分别明暗。上帝在这一天创造了宇宙系统。

第五日，因为上帝不在尘世，自然最先想到的便是天空和水中。上帝说，有水的存在，必然可以多多滋生有生命的物体，于是，上帝创造出了水中的动物，各从其类。接着又造出了各种飞鸟，各从其类。上帝赐福给这一切，滋生繁多，充满海中的水。鸟雀也可生在地上。这一日，上帝创造了生命。

第六日，上帝看见地上还没有什么活物，于是，创造出了陆地上的动物，各从其类。上帝看着这些动物，感觉似乎还缺少了点什么。他左思右想，想到了，便按照自己的样子创造了人。上帝赐福他们，并让他们管理海里的鱼、空中的鸟、地上的牲畜及一切昆虫。上帝将地上一切结种子的菜蔬和所有树上结有核的果子，全赐给人类作食物。上帝还将地上的青草赐给地上的走兽、空中的飞鸟和各种爬在地上有生命的动物，作为它们的食物。上帝看着这眼前的一切，心满意足地笑了。

第七日，上帝创造完了宇宙及其宇宙里的天地万物，便安息了。这一日也被定为圣日（安息日）。

长久以来，人们一直认为《圣经》第一章《创世纪》中的记载只是一个神话故事，就像中国流传的“夸父追日”“女娲补天”一样，都是古人虚构的。然而，西罗德博士经过25年的长期研究，2001年发表新作《科学神学：科学智慧和圣经智慧的汇合》，公布了自己研究科学与《圣经》关系的最新成果，发现《圣经》中的记载是真实的，它们都可以从科学资料中找到证据。

《创世记》的第一日发生在157.5亿年前，“神创造天地；光暗分开了”相当于：大爆炸创造宇宙，电子与原子结合产生光线，星河开始形成。

第二日发生在77.5亿年前，“神创造空气，称空气为天，有晚上，有早晨”相当于：银河形成，太阳和主要星球形成。

第三日发生在37.5亿年前，“神聚水为海，称旱地为地。青草、菜蔬、果树出现”相当于：地球冷却，液体水出现，菌藻类生物形成。

第四日发生在17.5亿年前，“神造光体普照大地，日月显现”相当于：地球大气变透明，光合作用产生丰富的氧气。

第五日发生在7.5亿年前，“神造水中动物，空中飞鸟”相当于：水生动物及带翼昆虫出现。

第六日发生在2.5亿年前，“神造飞禽走兽，神造人”相当于：百分之九十的古生物灭迹后，各类动物布满大地，人类出现。

1.1.2 现代宇宙起源假说

关于宇宙的起源神话，丰富而生动。而宇宙的起源、诞生问题也更是众说纷纭，引导着人们从更深层次的领域、更科学的角度探索宇宙诞生之谜。到目前为止，关于宇宙起源的假说和理论已有四十多种，各种说法不一，其中较有说服力的是大爆炸理论。

（1）相对论宇宙说

相对论宇宙说是在爱因斯坦的引力理论和相对论力学的基础上建立起来的宇宙理论。它的一些基本结论都是根据所谓宇宙学原理（宇宙物质在大尺度上具有均匀各向同性）的假定而推得的。

根据宇宙学原理的假定，广义相对论认为可以用时间空间的弯曲来等效物体所受的引力作用。在物体所受的引力不强、时间空间弯曲的程度很小的情况下，广义相对论的预言同牛顿万有引力定律和牛顿运动定律的预言趋于一致；而在引力较强、时间空间弯曲较大的情况下，两者就会出现区别。因此在太阳系中，只有在非常靠近太阳的区域才可以观测到广义相对论所预言的“水星近日点反常进动”以及“光线的引力透镜效应”。在太阳系中其他行星运行的区域，引力很小，广义相对论所讨论的时间空间弯曲的程度很小，因此广义相对论的预言就同牛顿万有引力定律和牛顿运动定律的预言趋于一致。对太阳系外广大的宇宙空间而言，除了在一些很小的区域中存在强引力场，如其他恒星、中子星、黑洞和星系的中心附近，其他广大区域的引力场都非常弱，不可能观测到时间空间的弯曲现象。因此对绝大部分天体的运动，用牛顿万有引力定律和牛顿运动定律来处理可以做到足够的精确，没有必要考虑广义相对论效应。

其实，现代科学证明，宇宙学原理与广义相对论并没有太多的关联性。宇宙学原理纯粹是一个假设。它假设宇宙中物质的分布是均匀的，从任何一点向任何方向观测都是相同的。宇宙中天体分布的层次结构和旋转运动说明，宇宙学原理的这个假设是不符合客观现实的，也是不合理的。宇宙学原理假设的引进纯粹是为了简化问题，以便数学上容易描述和求解，没有任何物理和实际观测基础。因此建立在这一假设基础上的宇宙标准学理论模型不能正确描述宇宙的客观现实。

（2）永恒宇宙假说

这种假说认为：宇宙并不是像人们所说的那样动荡不定，自从开天辟地以来，宇宙中的星体、星体密度以及它们的空间运动都处于一种稳定状态，这就是宇宙永恒假说。这种假说是英国天文学家霍伊尔、邦迪和戈尔特等人提出来的。他们把宇宙中的物质分成以下几大类：恒星、小行星、陨石、宇宙尘埃、星云、射电源、脉冲星、类星体、星际介质等，并认为这些物质在大尺度范围内处于一种力和物质的平衡状态。这就是说，一些星体在某处湮灭了，在另一处就一定会有新的星体产生。宇宙只是在局部发生变化，在整体范围内则是稳定的。

（3）宇宙大爆炸理论

1927 年，比利时数学家勒梅特提出了这一观点，他认为最初宇宙的物质集中在一个超原子的“宇宙蛋”里，在一次无与伦比的大爆炸中分裂成无数碎片，形成了今天的宇宙。1948 年，俄裔美国科学家伽莫夫提出了“宇宙大爆炸理论”，详细勾画出宇宙诞生的过程。

何谓“大爆炸理论”？其实质就是：宇宙诞生之前，没有时间，没有空间，也没有物质和能量。大约在 137 亿年前，在这四大皆空的“无”中，一个体积无限小、质量无限大的“原点”爆炸了，这个点就是“宇宙蛋”。时空从这一刻开始，物质和能量由此产生，宇宙也由此诞生，这就是宇宙创生的大爆炸。

根据大爆炸理论的观点，我们的宇宙曾有一段从热到冷的演化史，在这个时期里，宇宙体系并不是静止的，而是在不断地膨胀，使物质密度从密到稀地演化。这一从热到冷、从密到稀的过程如同一次规模很大的爆炸。

刚刚诞生的宇宙是炽热、致密的，在宇宙诞生的最初 1 秒钟过后，温度极高，大约有 100 亿摄氏度以上，物质密度也相当大，整个宇宙体系达到平衡，这时的宇宙间只有中子、质子、电子、光子和中微子等一些基本粒子形态的物质。

随着宇宙的迅速膨胀，其温度也迅速下降。当温度降到 10 亿摄氏度左右时，中子开始失去自由存在的条件，它要么发生衰变，要么与质子结合成重氢、氦等元素，化学元素就是从这一时期开始形成的。

温度进一步下降到 100 万摄氏度后，早期形成化学元素的过程结束。宇宙间的物质主要是质子、电子、光子和一些比较轻的原子核。

当温度降到几千摄氏度时，辐射减退，宇宙间主要是气态物质。气体逐渐凝聚成气云，再进一步逐渐演化成各种各样的恒星、行星体系，在个别天体上甚至还出现了生命的迹象。随后，随着时空的推移，成为我们今天看到的宇宙。

人类诞生后，宇宙整体膨胀的过程还未停止，至今宇宙仍在继续膨胀着。天文学家们根据观测，发现太空中有很多恒星目前仍在向外移动。1929 年美国天文学家哈勃就发现了银河系之外的河外星系普遍具有红移现象（星体向远方移去的现象）。此外，粒子物理学通过实验也进一步证实了这一点，并支持这种“大爆炸理论”。大爆炸理论与 1916 年爱因斯坦发表的广义相对论完全相符合。

大爆炸理论提出后一直寂寂无闻。直到 20 世纪 50 年代，人们才开始广泛注意这个理论，但也只是觉得它很好玩，并不信服。相比之下，人们更愿意相信宇宙是稳定的、永恒的。当时的一些科学家也反对这一理论，他们讥笑伽莫夫说：“如果宇宙起始于某次大爆炸，这种爆炸理应留下某种遗迹，那就请把它找出来吧！”

与他们的恶意愿望相反，大爆炸的遗迹在 1964 年果真被找到了。这就是宇宙微波背景辐射①，它像化石一样记录了宇宙产生时的情况。至此，“宇宙大爆炸模型”终于能够站起来“说话”了，它与 DNA 双螺旋模型、地球板块模型、夸克模型一起，被认为是“20 世纪科学中最重要的四个模型”。

宇宙大爆炸理论是现代宇宙学中最有影响的一种学说，与其他宇宙模型相比，它能说明较多的观测事实。

大爆炸理论认为所有恒星都是在温度下降后产生的，因而任何天体的年龄都应小于 137 亿年，各种天体年龄的测量也证明了这一点；科学家们观测到河外天体有系统性的谱线红移现象，而且红移与距离大体成正比，用多普勒效应来解释，红移是宇宙膨胀的反映；在各种不同天体上，氦的丰度相当大，而且大都是 30%，用恒星核反应机制不足以说明为什么有如此多的氦，而根据大爆炸理论，

① 宇宙微波背景辐射的发现被认为是 20 世纪天文学的一项重大成就。它对现代宇宙学所产生的深远影响，可以与河外星系红移的发现相比拟。对于近代天文学来说，它具有非常重要的意义，为“宇宙大爆炸理论”提供了一个有力的证据，并且与类星体、脉冲星、星际有机分子一道，并称为 20 世纪 60 年代天文学的“四大发现”。彭齐亚斯和威尔逊因为发现了宇宙微波背景辐射而获得 1978 年的诺贝尔物理学奖，受到了天文学界的推崇。

早期温度很高，产生氦的效率也很高，可以说明这一事实。

根据宇宙膨胀速度以及氦的丰度等，可以具体计算宇宙每一个历史时期的温度。大爆炸理论的创始人之一伽莫夫曾预言今天的宇宙已经很冷。1964 年，微波波段上探测到具有热辐射谱的微波背景辐射，温度大约为 3 开①。这一结果无论在定性上或者定量上都与大爆炸理论的预言相符。

上述观测事实无论在定性上还是在定量上都同大爆炸理论的预言相符。但是，在星系的起源和各向同性分布等方面，大爆炸宇宙学还存在着一些未解决的困难问题。

宇宙大爆炸理论虽然获得国际上多数学者的支持，但在大爆炸起因、宇宙膨胀是永远进行下去还是后期将转化为收缩、大爆炸是由一个奇点开始还是整个空间每一点都可看成膨胀的中心、大爆炸最初 1 秒钟内的物质形式和行为等根本性问题上并没有公认结论，在哈勃半径（大致为 200 亿光年，1 光年 $=9.46\times10^{15}$ 米）和宇宙形成年龄测定上还存在不同见解。

按照宇宙大爆炸的理论，我们只能推断出宇宙是没有开端的，它是一个从大爆炸到黑洞的周而复始的循环不断的过程，也是宇宙创生与毁灭并再创生的反复过程。虽然大爆炸理论只是假设、推断，但人们仍能从中挖掘出未知宇宙的众多奥秘，对其进行更细致的解构与探密。

关于宇宙的起源诞生问题，虽然已经有最有影响的“宇宙大爆炸理论”来解释，但科学家仍在进一步寻找更加强有力的科学论据来证明这一设想。

（4）宇宙绳论

20 世纪 80 年代末科学家维伦金认为，宇宙大爆炸所产生的力量，应该形成无数细长且能量高度聚集的管子，这种管子叫作“绳”。“绳”的性质是异乎寻常的：它像蜘蛛丝，但远比原子还细，你可穿过它走路而绝发现不了它。1 英寸（2.54 厘米）这样长的“绳”，大约就有科罗拉多山脉加在一起的质量。它的奇

① 开是开尔文的简称，是热力学温度单位。它的零点被称为绝对零度。根据分子动理论，当温度在绝对零度时，气体分子的动能为零。为了方便起见，开氏温度计的刻度单位与摄氏温度计上的刻度单位相一致，也就是说，开氏温度计上的 1 开等于摄氏温度计上的 1 ℃，水的冰点摄氏温度为 0 ℃，开氏温度为 273.15 开。

特性质是：它拥有巨大质量而缺乏通常物质熟知的性质，例如不对其他物质施加通常的引力作用；它的强度极大，如果有地方拴住它的话，能绰绰有余地把地球拖到半人马星座那里而不会折断。

根据复杂的理论计算，这种无限的“绳”，在宇宙中是稀疏分布的，也许每200亿光年左右的距离才有一根。但是，如果有某根无尽的长“绳”，碰巧在几十亿光年远的地方绕过我们宇宙的一角，那么我们是能观测出的，办法是通过望远镜看某个类星体。类星体是距我们有几十亿光年的一种不寻常的明亮天体。倘若在地球和类星体之间有“绳”的存在，它就会使类星体的光稍微发生偏离，这个类星体就产生两个影像，我们就可看到“成对”的类星体了。天文学家已经观察到大约6对这样的类星体。尽管它们特殊光谱的形成或许另有原因，然而只要我们找到很多对类星体后，再越过天空搜索这些线迹，也许会寻觅到一条“宇宙绳”的存在。

如果“绳”真是在宇宙初期扰动阶段形成的，它们就会猛然振动。由于巨大的质量，这种振动会发射出丰富的引力能量周期性脉冲——引力波。而这些引力波自产生起就一直在衰减，并在地球绕日运动过程中出现缓慢的有规律的扰动。维纶金认为，天文学家可在几年内检测出这种效应来。那时，将能为我们提供宇宙之中是否存在“宇宙绳”的线索了。

如果找到这一线索，将有助于解决宇宙学上长期存在的谜团。例如：追溯到宇宙初期即恒星和星系出现之前很久的时期，万物都表现为薄而同质的气体，那么这些气体怎么会在原来位置上凝聚成星系呢？不妨设想为：一根质量极大的“绳”通过气体运动，严重扰乱气体的平静分布而形成一些致密的“凹谷”，并开始自行坍缩为黑洞的物质。照此推论，这其实暗示着每个星系的中心都可能存在一个黑洞。这样看来，遥远的类星体也许只是由中部超巨黑洞供能的高能星系而已。据此，粒子物理学家和宇宙学家将会做出令人难以置信的结论：星系可能就是被这种“宇宙绳”拖曳在一起的。

1.2 宇宙的结构

关于“宇宙”，在中国古代的书籍中最早使用这个词的是《庄子》。庄子在此书中指出，小到生命，大到宇宙，都有一个开始，在开始之前呢，有一个未曾开始的开始，不仅如此，而且还有个连未曾开始都未曾开始的开始。因此，宇宙之初的形态可以看成是“有”，在“有”之前是“无”，还有连“有”和“无”都没有的“无”。这样的说法，看起来似乎拗口、绕来绕去，其实简单来看，也类似于“先有鸡蛋后有鸡，还是先有鸡后有鸡蛋”这样的问题。正因为这样，才引得无数人去探寻。

“宇”是个空间概念，它包含各个方向，如东南西北的各个地方；“宙”则指一切不同的具体时间，包括过去、现在、白天、黑夜等。《淮南子·原道训》中有“四方上下曰宇，古往今来曰宙，以喻天地”。可见，“宇宙”就是时间和空间的统一，是天地万物的总称。

面对神秘莫测的宇宙，好奇的人类总是带着疑问审视着：宇宙到底是什么模样？宇宙空间到底有多大？宇宙的年龄到底有多大？宇宙是由什么构成的？为何中国古典名著《西游记》中神通广大的孙悟空竟没能逃出如来佛的掌心，难道那宇宙就像如来佛的手掌——无边无际？宇宙究竟是有限的还是无限的？这一系列问题让人类倾注了前所未有的关注与热情，并在这热情中持续着对生命，以及对宇宙最终归宿的探求。

1.2.1 宇宙的形状

人类对宇宙的认识过程，是先从地球开始，再从地球拓展到太阳系，进而延展到银河系，最后扩展到河外星系、总星系的。地球在茫茫宇宙太空中，不过是太阳系大家庭中一个普普通通的成员。地球与其他七位行星“兄弟”一起日夜绕着它们的“母亲”——太阳旋转，连同50多颗月球般的“卫士”、神秘莫测的彗星、数以千计的小行星和无数的流星组成太阳系。尽管太阳系有这么多成员，但它所占的宇宙空间直径仅120亿千米。比太阳系范围更大的是银河系，银河系包括1 000多亿颗“太阳”——恒星，所占宇宙空间直径已达10万光年。银河系并不是宇宙空间的尽头。在银河系之外还有许许多多星系，人们管它们叫“河外星系”。天文学家已发现10亿多个河外星系，每个河外星系都包含几亿、几百亿甚至几千亿颗恒星和大量的星云及星际物质。所有河外星系又构成更庞大的总星系。目前，通过射电望远镜和空间探测，已观测到距离我们地球约200亿光年的一种似星非星的天体，取名“类星体”。这种天体的发现，把人类视线拓展到200亿光年的宇宙深空。

几千年来，人们一直认为宇宙是一个空心球体，有中心和边缘。到了今天，根据爱因斯坦的理论和哈勃太空望远镜的观测，人们逐渐认识到事情并非这样简单，宇宙的形状会受到各种天体的引力和负引力的影响。事实上，宇宙没有中心，也没有边缘。最新的研究成果表明，宇宙在向各个方向加速延伸，但是我们只能看到这个无限宇宙的一部分——“可观察到的宇宙”。

广义相对论认为，宇宙可以向三个方向的任一方向弯曲，这取决于物质的密度。简而言之，宇宙可能是扁平的，也可能是向内弯曲而两边相碰的，或者向外弯曲成鞍状的。无论是哪一种弯曲，其根源都在于力的作用。牛顿向人们揭示了万有引力，这种力使星体之间以及星系之间都相互吸引，所以宇宙自大爆炸以来，虽然一直在膨胀，但引力会让膨胀的脚步放慢下来。然而，通过哈勃太空望远镜拍摄的一颗遥远的恒星正在爆发的照片，科学家们首次获得了证明整个宇宙曾经并且依然存在着神秘的“负引力”的直接证据。

爱因斯坦在早年对宇宙有一个推测：整个宇宙的空间充满一种导致天体相互排斥的看不见的能量。爱因斯坦称这种能量为宇宙常量。这种能量非常奇怪，以至于爱因斯坦后来又否定了自己的推测。但是这一推测在1998年得到了支持：科学家们的研究结果表明，宇宙的膨胀在加速；作为“加速力”的负引力——宇宙常量的表现形式，在最近几十亿年中的某些时期，其作用超过了引力的作用。一般情况下，物体产生的负引力非常小，在日常生活中感觉不到；但是在浩瀚无垠的太空，负引力效应足以把各个星系或星系团分隔开来。

霍金的新宇宙图景是重复排列的形状，正如埃舍尔的“圆形极限”画作中嵌套的蝙蝠和天使一样。虽然是平面图，但是它作为双曲面空间物体的投影图像，很像地图是地球仪的平面投影一样。例如，虽然蝙蝠在平面投影中好像在边缘区域以指数速率在收缩，但是在超空间中它们都还是相同的大小。这些在投影中显得扭曲了的图像是由于双曲空间不能放置在平面中的缘故，因此它们看起来像是扭曲了的马鞍形山地地形图。

图 1－6　埃舍尔的圆形极限

宇宙的形状到底是什么样的，目前还没有一个完整的结论，但宇宙确实特别像一个大气球，它在三维空间中“扭曲”着，并且不断膨胀着。

1.2.2　宇宙的尺度

宇宙到底有多大？这是每个人都可能要问的问题，但是谁也无法给出准确答案。宇宙到底有多大呢？宇宙的大小至今还是个未知数。随着现代科学技术的进步，人类已经可以观测到距地球 150 亿～200 亿光年外的天体，但那里仍然远不是宇宙的尽头。

人类从来没有停止过对宇宙的追问，而在诸多关于宇宙的一系列问题中，宇宙的有限无限问题是最重要的，也是最难解决的。“宇宙是有限的，还是无限的？一个白痴才指望有一个答案。”海涅的这句话道出了“宇宙是有限还是无限”的问题解决之不易。

宇宙有限无限的问题，在中国最早出现在春秋战国时期，在《墨经》中有体现：“穷，或不容尺，有穷；莫不容尺，无穷也。”“久，有穷无穷。”同时，书中还道出了宇和宙的关系：“长宇，徒而有（又）处，宇南宇北，有旦有（又）在莫：宇徙久。”到了庄子时，庄子在《庄子 · 庚桑楚》中明确提出了宇宙具有无限性：“有实而无乎处者，宇也。有长而无本剽者，宙也。”

到了汉代，随着自然科学的发展，宇宙的概念也得到丰富并逐渐发生分化。天文学家张衡从科学的角度指明了时空的无限性，“八极之维，径二亿三万二千三百里，南北则短千里，东西则广增千里。自地至天，半八极。过此而往者，未知或知也。未之或知者，宇宙之谓也。宇之表无极，宙之端无穷。”在张衡看来，宇宙有知（定量）与未知之分。这种观点可以被认为是观测宇宙与一般宇宙概念的萌芽。而比张衡稍早些时候的扬雄则主张“阖天谓之宇，辟宇谓之宙”，即时间是有起点的，空间可以·“阖”起来，也许他想表明的是宇是有限的。

在西方，古希腊的阿拉克西曼德（约公元前610～公元前546）从万物的本源出发，认为宇宙是无限的。阿拉克西曼德的无限宇宙论，明确指出了宇宙物质具有永恒的运动，却没有明确指出宇宙空间尺度是无限大的，与此同时，他还认为有无数个天和世界。

那么，宇宙到底是有限的还是无限的呢？这既是一个科学问题，也是一个哲学问题，关键在对宇宙概念和有限无限概念的不同理解。

有人认为，对于整个物质能量世界来说，宇宙是无限的；而对于我们生活所在的宇宙来说，宇宙又是有限的。说我们生活着的宇宙是有限的，是因为这个宇宙还在膨胀，而人类，包括宇宙中所有的生命，都被一种无法摆脱的力量控制着，从生到死，这证明宇宙中的生命是生活在一个过程中，这是个既有起源，又有终结的过程。因此，宇宙中的一切都是在历经一个从诞生到毁灭的过程。这个过程是实实在在存在的，因此，人类所生存的宇宙是有限的。而人类生存的宇宙之外的物质及能量世界是一个不灭的世界，是原本就存在于整个无限的空间区域里的。时间与空间在这里都不能连续地存在，仅仅只是界定物质能量世界发展的产物。因此，从这点上说，宇宙之外的物质能量世界是无限的。

现代宇宙学很显然还不成熟，针对宇宙有限无限的问题，它并未给出最终的答案。但它力图把这个问题限定在科学方法的范围内，用物理理论与天文观测相对照的方法来处理，包括空间弯曲和空间膨胀在内的现代宇宙观念，就已替代了近代的无限绝对空间观念。

从“宇宙正在膨胀”这一论断中，我们还可以挖掘其中隐含的一个前提假设，那就是——宇宙是有限的。人们的思维习惯早已将宇宙定格为一个有限大的体积，如一个球体，因此，它有“内部”和“外部”之分。但是作为整体的宇宙是不能纳入这一经验的。

若设想宇宙是有限的，那么它应该有固定的体积，但人类找不到它的尽头在哪里。若宇宙是有限的，从地球出发的一只太空探险队向一个方向飞行，给他们足够的时间，他们将会最终回到地球，这时，他们却出现在出发时的反方向上，就像在圆周线和球面上运动的动物一样。因此，在三维空间里，也无法找到宇宙的边界，只能说宇宙无边无界。

关于宇宙有限无界，目前比较公认的是爱因斯坦的超圆体理论，他认为宇宙是有限无界的，其直径约150亿光年，但没有边界。换句话说，就是当你向一个方向走，最终会回到原点。而宇宙是被四维空间堆叠成的超圆体，是一个具有有限空间体积的自身闭合的连续区。霍金认为宇宙起源于大爆炸，并且不断地向外延伸，正是星体的衰竭产生的能量才为宇宙的扩展提供了动力。

根据美国国家航空航天局（NASA）获得的资料，美国数学家杰弗里·威克斯提出一个最新宇宙模型：一个大小有限、形状如同足球的镜子迷宫；宇宙之所以令人产生无边无界的“错觉”，是因为这个有限空间通过“返转”效应无限重复映现自身。这个理论令科学界大为震惊。威克斯推断，宇宙其实是有限的，且大约只有70亿光年宽度、形状为五边形组成的十二面体，犹如足球。这个“足球”就像一个镜子迷宫，光线传来传去，所以人们会产生错觉，误以为宇宙是无限的，能无限伸展。

如果宇宙是无限的，那么就会有各种大小的宇宙微波背景辐射。而美国国家航空航天局发射的宇宙微波背景辐射探测器观察到了较小规模的微波背景辐射，这和无限宇宙理论推测的几乎一致。在大尺度上，微波背景辐射几乎可以忽略不计了。这就意味着：宇宙可能是有限的。

威克斯认为，由于宇宙存在“返转”效应，我们观察到的宇宙其实是一种幻觉，这个十二面体在无休无止地重复映现它自身，如果从其中一个五边形中走出去，将从其另一面重新回到同一个地方，并且还能再观察到同样的天空、同样的星系。

除了众多科学家针对宇宙是有限还是无限的问题在科学上的论证外，德国著名哲学家康德还从哲学层面上分析了宇宙是有限的还是无限的这一问题。他首次提出，宇宙在时间和空间上有限（正题）与宇宙在时间和空间上无限（反题）

这两个命题都可以成立，都可以得到证明，因此，在宇宙的有限无限问题上实际存在着一个矛盾，是一个二律悖反。

因为宇宙的整体没有外来限制，所以它是无限的，不受形态、时间的限制，能成为永恒；而宇宙整体又是宇宙部分的集合体，宇宙整体和部分之间存在着相对关系，因此宇宙整体与部分相互限制，整体永远大于部分。宇宙中的任何部分都是有限的存在，有限的存在使之产生了有限的运动，有限的运动又使物质现象成为从一种存在方式变化为另一种存在方式的过程。

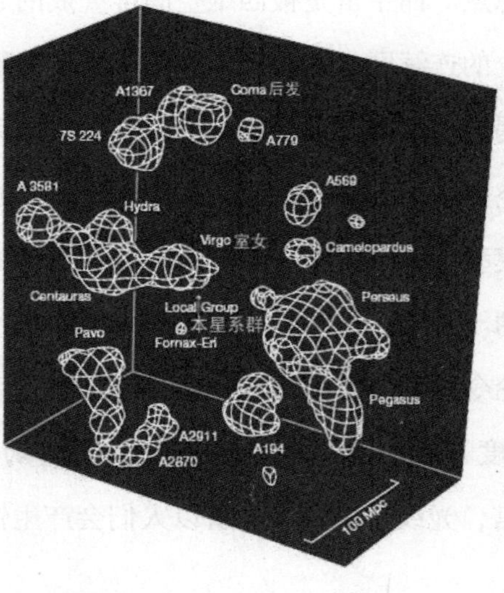

图 1-7　可观测的宇宙尺度

就目前来说，我们所能“看到”的宇宙空间尺度接近200亿光年，大约包括几十亿个星系。对我们所能看到的宇宙，有人曾打过这样的比方：把人们观测到的宇宙假设为一个半径为1 000米的大球，有2 000亿颗恒星的银河系位于球心，大小就如一颗小药片；银河系的孪生姐妹仙女星系 M31B 距我们约13 厘米；距本星系群最近的是御夫星系团，离我们约60 厘米；3 米以外有体积如足球大小的室女星系团，这个星系团是一大群星系的松散集合体；大约20 米处，是含有几千个星系的集团——后发星系团；更远处还有更大的星系团，最大的直径达20 米左右；最强的射电星系之一的天鹅座 α，距我们 45 米；最亮的类星体3C273，位于130 米处；1986 年英国科学家斯蒂芬·沃伦等人发现的距地球200亿光年的类星体，几乎到了我们可见宇宙的边缘，位于约1 000 米处。

1.2.3 宇宙的年龄

说到年龄，不同对象使用不同的单位。一般说人的岁数用“年”，说地质年代用“百万年”，说天体年龄则用“亿年”。那么，宇宙的年龄有多大呢？

在通常的宇宙演化模型里，宇宙年龄指宇宙标度因子从零起到现在时刻的时间间隔。通常，哈勃年龄是宇宙年龄的上限，可以作为宇宙年龄的某种度量。根据大爆炸宇宙模型推算，宇宙年龄大约137亿年。

对于宇宙年龄的测量和估算一直都是科学家们所关注的问题，但由于没有一种方法是绝对准确的，因而测量宇宙年龄通常采用多种方法。

一是同位素定年法。在宇宙开始时，大爆炸会产生氢、氦和锂等元素，而比较重的元素是在星球内部产生。当星球死亡时，含有重元素的物质会散布到周围的空间，然后和下一代的星球结合，因此，愈老的星球上的重元素也会愈少。天文学家通过望远镜观测星体上放射性同位素铀－238的光谱，依据铀－238同位素的半衰期（44.5亿年），进而推算宇宙的年龄。该方法和在考古学上使用碳－14同位素推算物质的年龄类似。经测定，地球年龄为45亿～50亿年，月球年龄为46亿年，太阳年龄为50亿～60亿年，宇宙的年龄至少有125亿年。

二是球状星团测定法。球状星团测定法是根据恒星演化理论来测算恒星年龄的一种方法。一般认为球状星团是十分古老的星体的集合，它们是在宇宙诞生后不久产生的天体。如果知道了球状星团的年龄，就等于了解了宇宙年龄的大致标准。最古老的球状星云的年龄约为115亿年。但人们对恒星进行观测发现，最老的恒星年龄约200亿年，因此115亿年的年龄对于宇宙来说显然是不够的。

三是哈勃常数测定法。哈勃常数①测定法是基于宇宙膨胀的观测事实确立的。在一个不断膨胀的宇宙中，膨胀速度可通过对红移量的测量来获得。测出邻近星系与地球的距离，再由此标定红移与距离的关系，就可求得宇宙的年龄。由此可知，关键是测出邻近星系与地球之间的距离。利用造父变星测定的哈勃常数推算

① 哈勃定律中星系退行速度同距离的比值，它是一个常数，常用 H 表示，单位是千米/（秒·百万秒差距），一般认为 H 值应在50～75之间。

出的宇宙年龄约为90亿年，利用类星体测定的哈勃常数推算出的宇宙年龄为140亿~150亿年。

近年来，反映宇宙膨胀率的哈勃常数也被修正至67.15千米/（秒·百万秒差距），即一个星系与地球的距离每增加1百万秒差距（秒差距是天文学上的一种长度单位，符号为pc，1秒差距约为3.26光年），其远离地球的速度每秒就增加67.15千米。据此推算宇宙的年龄约为138.2亿年。

近年来，有人又采用一种与哈勃常数无关的方法，测得宇宙年龄为240亿年。几年前，德国波恩大学天体物理研究所的一个小组提出，宇宙年龄为340亿年。

宇宙始于何时？将止于何时？这是宇宙留给人类最为神秘，也最难解释的谜题。虽然宇宙大爆炸说已经深入人心，人们已经默认了宇宙诞生于近137亿年前的一次大爆炸，宇宙万物、星系、地球、生命都是在大爆炸之后逐渐形成的。然而，在这个理论出世之后，很多人也提出了另外一个问题：在宇宙大爆炸之前发生了什么？近年来，美国普林斯顿大学的波尔·施泰恩加德和英国剑桥大学的尼尔·图尔克这两名理论物理学家撰文称解答了这个让科学家们为之争论不休的谜题，即宇宙大爆炸发生了不止一次，宇宙一直经历着“生死轮回”的过程，而人们所认为的137亿年前的宇宙大爆炸并非宇宙诞生的绝对起点，那只是宇宙的一次新生。

1.2.4 宇宙的组成

宇宙是由什么组成的？简单的回答是：由物质构成的！由什么物质组成的？一个脱口而出的答案是：由那些亮晶晶的星星组成的。但在最近几十年中，科学家越来越发现这个答案是不正确的。天文学家认为，组成恒星、行星、星系、当然还有我们的物质，或者叫普通物质，只占宇宙总质量的4%，另外23%，可能是由尚未发现的粒子组成的暗物质。剩下的73%呢？天文学家认为那可能是暗能量——让宇宙加速膨胀的力量。暗物质和暗能量的本质是什么？科学家正在用加速器和望远镜寻找这些问题的答案。

（1）看得见的正常物质

无数颗星星在茫无涯际的宇宙中运动着。我们看得见的星星，绝大多数是恒星，看上去它们好像是冷的，但实际上每颗恒星都是一个火热的太阳。汹涌的热浪不断地从这些大火球吐出来，射向广漠的宇宙空间。它们的热度非常高，表面温度至少有3 000℃。即使是最坚硬的金属，一接触它们的表面就会熔解，甚至化为气体。

可是，当你看到静静的夜空中闪烁着寒光的小星星的时候，说不定还会把它们当作萤火虫呢。许多红色的星星很大很大，有的可以装下80亿个太阳。这些星星是由呈非常稀薄的气体状态的物质组成的。其中最稀薄的，密度只有地球上空气的几万分之一，比我们用抽气机造成的“真空”还要稀薄得多。也有一些星星非常小，有的比地球还小，可是组成这种星星的物质密度特别大，火柴头那么大的一点点就抵得上十多个成年人的重量。用白金造成同样大的一个球，重量才抵得上它的二百万分之一。人到这种星星上面休想站得起来，因为它的引力是这样大，人的骨骼早就被自己的体重压碎了。这样的小星星发出强烈的、眩目的白光，它的表面温度高达30 000～50 000℃。还有数量众多的中等恒星，这些恒星像太阳一样，体积不太大，密度不太小（太阳的密度是水的1.4倍），表面温度也不十分高，只有几千摄氏度。

从这颗星星到那颗星星的距离，每秒钟能飞16.7千米的宇宙飞船得走几万年，多么辽阔的宇宙空间啊！尽管恒星都很大，差不多每一颗都能装下几百万个地球（只有极少数比地球小），可是在辽阔的宇宙空间里，这些恒星不过像大海里的水滴，也许还要小。还有由星际尘埃和气体组成的星云，浮游在星星和星星之间，浮游在宇宙空间里，阻碍星光的通过。这些星云有的厚达几万亿千米，本身并不发光，如果附近有恒星，它就反射出光亮，叫作亮星云。否则它就是黑暗的，叫作暗星云。

宇宙里的发光的星星，还有亮星云、暗星云等，这些都是宇宙中的正常物质。

(2) 看不见的暗物质

以前，人们只知道宇宙中有太阳、月亮、星星、像银河系一样的星系以及由许多星系组成的星系团。实际上，这些看得见的天体在辽阔的宇宙中只占极小一部分，宇宙中大部分物质是看不见的。

1933年，一位瑞士天文学家发现，室女星系团诸星系根据其运动求出的质量与根据其光度求出的质量相差甚远，前者是后者的10倍。人们根据这种现象，推测宇宙中存在着大量看不见的物质。到20世纪90年代中期才有人提出，这是一种叫作“冷的暗物质”的奇异物质，这种看不见的物质构成了90%的宇宙。恒星、行星、人类以及原子、分子等正常物质只占剩余的小部分。孤立地看，这种观点似乎正确，但考虑一下恒星和星系为什么旋转得这么快，问题就来了。例如银河系每2亿年就要旋转一次。这样巨大的旋转速度虽不会使人感到头晕目眩，但它有足够的力量把整个银河系撕裂开来。银河系是靠物质引力维系在一起的，仔细分析，维系银河系的物质引力太弱，不能“勒住”高速旋转的银河系这匹“野马”，除非有很多看不见的暗物质在暗地里施加一个额外的力把银河系成员“勒”在一起。另外，星系团里的星系也在快速旋转，那又是什么力量使整个星系团内的星系维系在一起呢？也是许多看不见的暗物质吗？现在看来正是！

我们知道，普通物质就是那些在一般情况下能用眼睛或借助工具看得见、摸得着的东西，小到原子大到宇宙星体，近到身边的各种物体远到宇宙深处的各种星系。普通物质总是能与光或者部分波发生相互作用，或者在一定的条件下自身就能发光或折射光线，从而被人们感知、看见、摸到或者借助仪器可以测量到。但是暗物质恰恰相反，它根本不与光发生作用，更不会发光，因为不发光又与光不发生任何作用，所以不会反射、折射或散射光，即它们对各种波和光都是百分之百的透明体。所以在天文上用光的手段绝对看不到暗物质，不管是电磁波、无线电还是红外射线、伽马射线、X射线都毫无用处，因此为了区分于普通物质，将这种特殊的物质称之为“暗物质”。

那么，宇宙中大量存在的暗物质是些什么东西呢？英国的一位天文学家认为可能有三类候选者。第一类是极暗弱的褐矮星，或者是相当于木星质量30~80倍的大行星。有人分析，在太阳附近就存在着暗物质。美国的天文学家曾在太阳附近的天空拍摄到暗于14视星等①、质量不到太阳一半的M型褐矮星。根据这种褐矮星的数目推算，它们大概承担着银河系“失踪”质量的一半。一些科学家

① 视星等，是用以衡量人类肉眼所能看出的星星发光能力的差别的指标。整个天空中肉眼能见到的大约有6 000多颗恒星。将这些星分为6个等级。肉眼刚能看到的定为6等星，比6等亮一些的为5等，依此类推，亮星为1等，更亮的为0等以至负的星等。例如，太阳是-26.8等，满月的亮度是-12.6等，金星最亮时可达-4.4等。星等相差1等，其亮度相差2.512倍。1等星的亮度恰好是6等星的100倍。

认为，这类小恒星只能发几万年的光，然后变成不发光的星体“尸骸”，这类“尸骸”在银河系中还有很多，它们完全可以补足银河系短缺的质量；第二类是很早以前由超大质量恒星演化到死亡阶段形成的大质量黑洞，这种黑洞的质量相当于太阳质量的200万倍；第三类是奇异粒子，如与电子有联系的、质量可能在20~49电子伏特之间的中微子，质量为10.5电子伏特的轴子，以及各种大统一理论所允许和要求的粒子。此外，欧洲的粒子物理学家伊里斯推荐了四种暗物质最佳候选者：光微子、希格斯微子、中微子和引力微子。正是由于这些特殊粒子的存在，才构成了星系外围大质量的暗晕。

宇宙中最重要的暗物质就是黑洞。如果一个天体质量足够大、体积足够小，那么它的引力就会大得连光都逃不出去。这种天体就是黑洞。黑洞这个概念刚提出时，曾被人们称作痴人说梦，但科学家的研究日益证明这种天体的确存在。一些科学家因研究黑洞而出了名，其中最有名的要数英国科学家霍金了。

宇宙空间中的黑洞到底有多少呢？也许不多，但科学家发现，在宇宙尺度上黑洞几乎“无所不在”，在我们生活的银河系就有不少，仅银河系中心就存在24个黑洞，其质量分别相当于太阳的3 200到1 250 000倍不等。不过，尽管黑洞很多，但黑洞的大小却呈现出两个极端的分布，大的很大，小的很小，缺乏中间过渡层次。大的是超巨黑洞，多存在于星系的中心，质量达到太阳的数百万甚至数十亿倍。小的黑洞，其质量与太阳基本处于一个数量级，据推测它主要是由质量相当于太阳10倍左右的恒星发生超新星爆炸后形成的。

同时，还存在有一个怪异的现象，那就是：时间和空间在黑洞中消失，这就意味着通过黑洞有可能将我们现在的时间和空间连接到另外一个时间和空间，时间旅行有可能实现。若按照霍金等人的假说，黑洞有可能是通往其他时空的通道。

宇宙在暗物质的作用下不断地膨胀，而暗物质黑洞又为我们留下很多谜，这些都很值得我们进一步探索。

（3）神秘的暗能量

暗能量是一种不可见的、能推动宇宙运动的能量，宇宙中所有的恒星和行星的运动皆是由暗能量来推动的。之所以暗能量具有如此大的力量，是因为它在宇宙的结构中约占73%，占绝对统治地位。暗能量是近年宇宙学研究的一个里程碑性的重大成果。

支持暗能量存在的证据主要有两个。一是对遥远的超新星所进行的大量观测表明，宇宙在加速膨胀。按照爱因斯坦引力场方程，加速膨胀的现象可推出宇宙中存在着压强为负的“暗能量”。另一个证据来自于近年对微波背景辐射的研究，精确地测量出宇宙中物质的总密度。我们知道所有的普通物质与暗物质加起来大约只占宇宙的1/3左右，所以仍有约2/3的短缺。这一短缺的物质称为暗能量，其基本特征是具有负压的，在宇宙空间中几乎均匀分布或完全不结团。暗能量在宇宙中占总物质的73%。值得注意的是，对于通常的能量（辐射）、重子和冷暗物质，压强都是非负的，所以必定存在着一种未知的负压物质主导今天的宇宙。

宇宙的运动都是旋涡型的，所以暗能量总是以一种旋涡运动的形式出现。在暗能量的旋转范围内能形成一种旋涡场，称为暗能量旋涡场。当暗能量与物质绕星系中心运动的总动能相等时，旋涡场处于平衡状态，星系既不会膨胀也不会收缩；当暗能量衰退时，旋涡场就会收缩。

在太阳系中，地球的运动是由暗能量来推动的。当太阳系的暗能量减少时，推动地球运动的暗能量就会减少，它的运动速度也会随之变慢，地球绕太阳运动的离心力必定会变小。在太阳引力的作用下，地球就会向太阳靠近。但当两者间的距离缩小时，根据太阳系的运动结构，地球的公转速度必然会随着距离的缩小而增大。10亿年来，地球的公转周期和公转半径不断地变小，但它的公转速度基本上保持不变。简言之，暗能量不断地衰退导致太阳系旋涡场不断地收缩，从而导致各个行星不断地向太阳靠近。所以，10亿年来，太阳系的暗能量一直在衰退。

有证据表明：目前太阳每2.5亿年围绕银河系中心旋转一周，过去则是每5亿年围绕银河系中心旋转一周，再往前是每10亿年围绕银河系中心旋转一周。根据天文学家的观测结果，银河系自转的速度起先随距银河系中心距离的增大而增大，但达到几十万光年后就停止增加，直到银晕中很远处都大致保持不变。在速度不变的情况下，太阳绕银河系中心旋转一周的时间变短了几倍，那意味着，10亿年来它在不断地向银河系中心靠近。换言之，银河系一直在不断地收缩。另一方面，银河系的运动是由暗能量来推动的，只有当暗能量出现衰退时，银河系才能收缩。由此，我们可以得出如下结论：银河系的暗能量一直在衰退。

太阳系和银河系中的暗能量都一直在衰退，以此来类推，宇宙的暗能量也一直在衰退。

暗能量是21世纪物理学面临的最大的挑战。物理学对暗能量这种新类型物质的探索才刚刚开始，还没有形成一个基本合理的解释。科学家正在计划发射新的探测卫星，对于宇宙大尺度空间进行更多、更精确、更系统的观测，进一步研究宇宙加速膨胀的规律，确定暗能量的形式和物理特征，不同的暗能量形式将导致不同的宇宙膨胀规律。解决这一问题需要新的理论，这样的理论一旦被找到，很可能是人们长期追求的各种相互作用统一的量子理论，这将是一场重大的物理学革命。研究暗物质、暗能量这些新的问题需要将描述微观世界的粒子物理与描述宇观世界的宇宙学结合起来，也是21世纪物理学和天文学研究的一个新特点。

（4）反物质

反物质是一种假想的物质形式，在粒子物理学里，反物质是反粒子概念的延伸，反物质是由反粒子构成的。反质子、反中子和反电子如果像质子、中子、电子那样结合起来就形成了反原子，由反原子构成的物质就是反物质。反物质是一般物质的对立面，而一般物质就是构成宇宙的主要部分。科学家们想象在很远的地方有个和我们的世界很像的世界，它是一个由反物质构成的反世界。既然宇宙肇始于大爆炸，爆炸一瞬间才出现了空间、时间、物质和作用力，那么正、反物质就应该同时出现，二者之和等于零才合理。而大量的正、反物质出现后，随着温度下降，早应相互碰撞湮灭。但由于某种原因，正物质也许比反物质稍多了一些，这才有了当今这个“正物质”世界。

图1－8　反物质假想图

事实上，我们的周围并没有发现反物质。但在实验室内科学家们已制造出了反物质。1932 年由美国物理学家卡尔·安德森在实验中证实了正电子的存在。随后又发现了负质子和自旋方向相反的反中子。2010 年 11 月，欧洲研究人员在科学史上首次成功“抓住”微量反物质。2011 年 5 月初，中国科学技术大学与美国科学家合作发现迄今最重反物质粒子——反氦 4，同年 6 月欧洲核子研究中心的科研人员宣布已成功抓取反氢原子超过 16 分钟。

物质与反物质的结合，会如同粒子与反粒子结合一般，导致两者湮灭并释放出高能光子或伽马射线。1997 年 4 月，美国的伽马射线探测卫星，在银河系中央发现了一个“反物质源”。正、反物质在那里碰撞湮灭，喷发出一个高达 2 940 光年的伽马射线“喷泉”。这是人类探寻宇宙中反物质的首次重大突破。欧洲航天局的伽马射线天文观测台，证实了宇宙间反物质的存在，他们对宇宙中央的一个区域进行了认真的观测分析，发现这个区域聚集着大量的反物质；此外，伽马射线天文观测台还证明，这些反物质来源很多，它不是聚集在某个确定的点周围，而是广布于宇宙空间。

1.2.5　宇宙的结构

从广义上看，宇宙是无穷大、没有边际的。总体说来，宇宙是由总星系、星系、星团、星云等总体呈多重旋转结构的宏观体系和由基本粒子组成的微观体系构成的。当代天文学的研究成果表明，宇宙是有层次结构的、物质形态多样的、不断运动发展的天体系统。星云是云雾状的由星际气体、尘埃和粒子流等星际物质在力场作用下形成的；星系是恒星和星际物质组成的系统；而总星系是一个比星系更高一级的天体层次。星团是由于物理上的原因聚集在一起并受引力作用束缚的一群恒星所组成的。

（1）宇宙的宏观结构

星系的分布状况就是宇宙宏观结构的表现，今天人们把 10 百万秒差距（百万秒差距符号为 Mpc）以上的结构称为宇宙的大尺度结构（目前观测到的宇宙的大小是 10^4Mpc）。宇宙中约有 1 000 亿个星系，若把所有可见星系在天空的方向绘制在图上，我们会得到以下结果：

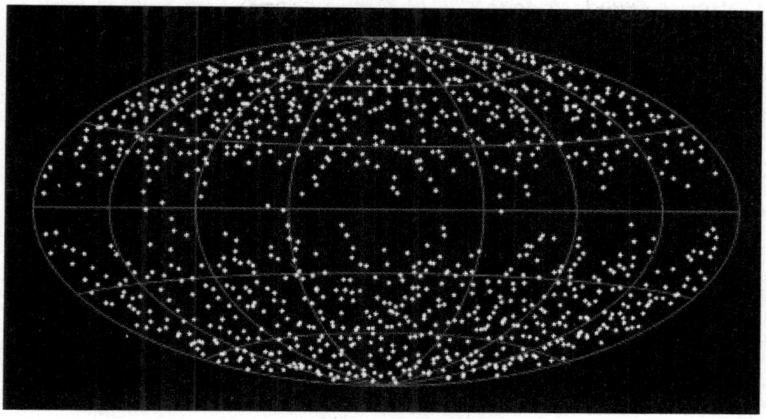

图 1－9 宇宙中星系的分布

图中中间的水平线标示出银河系平面，银河系的气体尘埃除了掩盖了背景星光，亦同时遮蔽了遥远的星系，排除了这个因素，我们会发觉星系在天空中的分布是颇为平均的。

至今，大尺度上的观测事实远不是十分明确的。从演化理论来考虑，尺度大到一定程度，应不再有结构存在。这是否符合事实，以及这尺度有多大，都是需要由大尺度观测来回答的问题。现今对宇宙在 50 百万秒差距以上是否还有显著的结构现象存在，是人们热烈争论中的焦点。

（2）宇宙的中观结构

现在看来，直至 50 百万秒差距的尺度为止，星系的分布呈现有层次的结构。这就是我们对宇宙面貌的基本认识。

图 1－10 超星系团的丝状结构

有趣的是，有迹象表明，若把星系看成宇宙物质的基本单元，星系在大尺度上的分布呈泡沫状，即有许多看不到星系的“空洞”区，而星系聚集在空洞的壁上，呈纤维状或片状结构，这一层次的结构叫超星系团，它的典型尺度为几十百万秒差距。丝状结构是宇宙中目前已知的最大结构，它与“空洞”构成“长城”，“空洞”指的是丝状结构之间的空间，“空洞”中只包含很少或完全不包含任何星系。一个典型的“空洞”直径为 11～150 百万秒差距，“长城”是目前所知宇宙中被观察到的最高层次的宇宙结构。

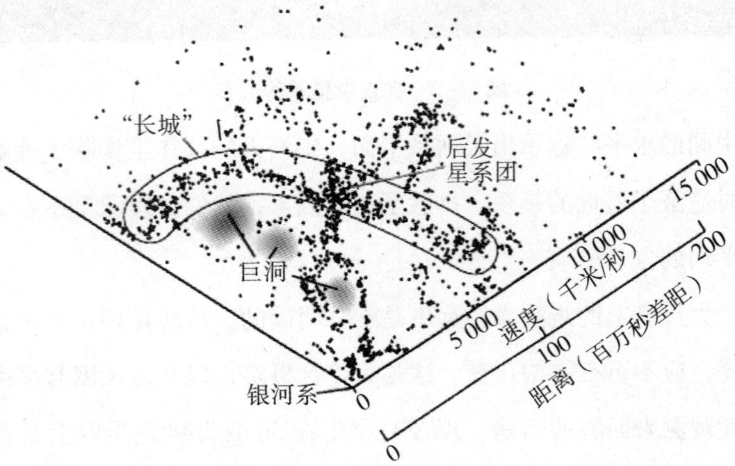

图 1－11　宇宙的层次结构

超星系团是由星系团聚集构成的，通常超星系团内只含有几个星系团，只有少数超星系团拥有几十个星系团。现已发现宇宙中有上万个星系团，平均而言，每个星系团约有百余个星系，直径达上千万光年。

（3）宇宙的微观结构

宇宙由巨大的超星系团构成，星系周围是大团看不见的空荡荡的太空。每个星系又包含了数以十亿计的恒星，构成这些恒星的物质是一些小得看不见的粒子。质子、中子和电子是最普通的粒子，它们通常以原子的形式结合在一起。质子和中子由更小的粒子构成，它叫作夸克。

奇妙的宇宙微观世界是通过模拟宇宙的初始状态发现的。科学家们用正负电子对撞来模拟宇宙在初始的 10^{-19} 秒时的情况，当正负电子高能量相撞时，产生的高温相当于太阳表面温度的 4 000 亿倍。也就是从那一刻起，宇宙中的各种基本粒子产生了，科学家们由此就能推断物质世界的组成。

大家知道，各种元素的原子核都是由质子和中子组成的。例如氢核，就是1个质子；氦核是2个质子，2个中子；铜核是29个质子，34个或36个中子；铁核是26个质子，28、30、31或32个中子。那些质子数目相同而中子数目不同的元素，人们称之为放射性元素，在元素周期表上占据一席之地。如果我们把各种元素看作是建造宇宙大厦的“砖块”，那么中子和质子就是两种最基本的“泥土”。这两种“泥土”在不同的“火候”下进行不同的搭配、烧结，就形成了各种不同的元素。光芒万丈的太阳，晶莹闪烁的星辰，都是烧炼元素的炉窑。不过，我们地球上的各种元素都是在几十亿年以前，甚至是在更遥远的年代，在天体演化的过程中形成的。

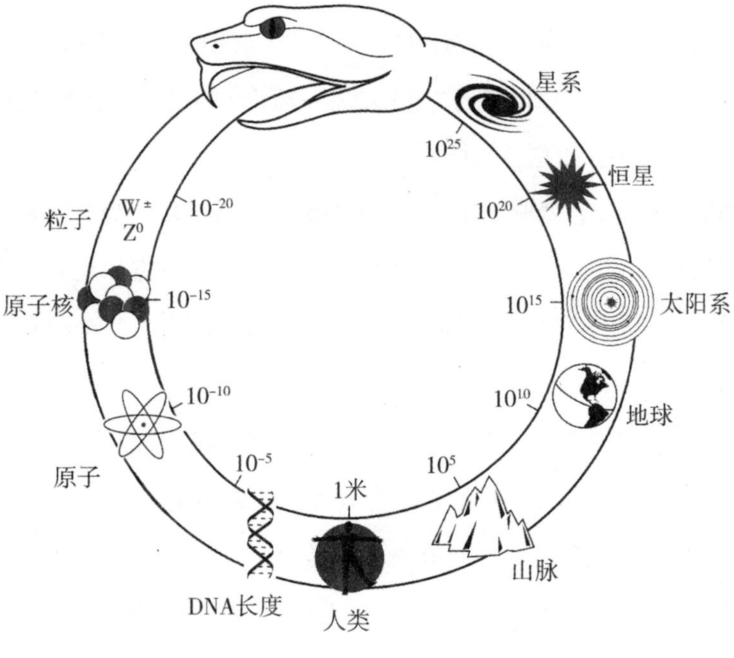

图1－12 宇宙间最小与最大尺度结构的紧密连接

1.3 宇宙演化

天文学家利用背景辐射温度、宇宙年龄和红移规律建立“温度－时间－红移”关系式，并以时间来追溯宇宙演化史。然而宇宙演化是非常复杂的，不同的研究者对演化时期的划分也是不一样的。

1.3.1 宇宙演化的阶段

（1）普朗克时代

宇宙大爆炸后 10^{-43} 秒时期的宇宙，即为四种宇宙力（强相互作用、弱相互作用、万有引力和电磁力）强度相当的一段短暂的时间间隔。如何超越普朗克长度和普朗克时间目前还是个谜，因为现行物理定律在这个范围内就失效了。因此，宇宙论学者在研究宇宙起源时，最多只能计算到大爆炸之后 10^{-43} 秒。要研究普朗克时间之前发生的事，还缺乏新定律。

（2）宇宙暴胀阶段

大爆炸后 30 万年，暴胀到膨胀的宇宙，这个时期发出宇宙微波背景辐射。

大爆炸后 10^{-35} 秒，该时期标志着大统一理论①的终结，强核力和弱电力分离，是夸克（反夸克）的主导时期。

大爆炸后 10^{-32} 秒，暴胀结束，宇宙从 10^{-25} 米迅速膨胀为 0.1 米，以后逐渐膨胀为我们现在看到的宇宙。宇宙的主要组成是光子、夸克和反夸克以及有色胶子。应指出，质子是不稳定的。因此这一阶段还没有元素，甚至没有氢。

（3）逐渐演化阶段

此阶段，宇宙不断膨胀，恒星、星系、星系团逐渐形成。

大爆炸后 10^{-12} 秒，弱核力和电磁力分离，宇宙在此时期很少有活动，常称为“荒芜”“黑暗”时期。

大爆炸后 $10^2 \sim 10^3$ 秒，这是宇宙原初元素合成时期，即大爆炸核合成。

大爆炸后 10^{11} 秒，在此时间光子核重子退耦。在此之前是辐射能密度高于物质能密度，在此之后宇宙以物质为主，因为退耦伴有自由电子与核结合形成原子——我们最熟悉的物质形式。

---

① 宇宙间的现象可以用四种力，即强相互作用、弱相互作用、万有引力和电磁力来解释，这种能统一说明四种相互作用力的理论称为大统一理论，虽然大统一理论没有成功，但人类在认识上前进了一大步。

大爆炸后 10^{16} 秒，星系、恒星和行星开始形成。

大爆炸后 10^{18} 秒，生命形成，生物进化。从这个阶段起随着时间流逝，星系继续退离，哈勃常量也在减少，宇宙温度继续下降。

1.3.2 宇宙未来的状况

宇宙大尺度的行为似乎是简单的，而不是混沌的。所以，人们不知道宇宙将永远膨胀下去，还是最终将会坍缩。这要按照宇宙的现有密度而定。事实上，宇宙现在的密度似乎非常接近于把坍缩和无限膨胀区分开来的临界密度。如果暴胀理论是正确的，则宇宙实际上是处在“刀锋”上。

（1）宇宙的膨胀

尽管宇宙的不断膨胀自牛顿以来就被意识到了，但直到 20 世纪 20 年代才发现了它的答案。美国天文学家埃德温·哈勃发现，各个星系不是在相聚，而是在以很高的速度相离。哈勃注意到，各星系的光在颜色上稍稍有些异常，这说明各个星系在急速倒退，哈勃最初的实验是研究各星系间的距离和它们的红移。根据这些数据，他测量各星系的速度并发现了距离和速度间的线性关系，即哈勃定律。哈勃定律由以下方程式表示：$v = Hd$。式中，v 是星系的后退速度，单位：千米/秒；H 是哈勃常数，单位：千米/（秒·百万秒差距）；d 是到星系的距离，单位：百万秒差距。当 d 增大时，v 也增大。哈勃定律有着广泛的应用，它是测量遥远星系距离的唯一有效方法。只要测出星系谱线的红移，再换算出退行速度，便可由哈勃定律算出该星系的距离。哈勃定律中的速度和距离不是直接可以观测的量，直接观测的量是红移和视星等。因此，真正来自观测、没有掺进任何假设的是红移与视星等的关系。在此基础上再加上一些假设，才可得到距离与速度的关系。

宇宙膨胀的概念与现代人关于空间、时间、运动本质的思想十分吻合。爱因斯坦的相对论极大地改变了我们对时空及运动的看法。尽管爱因斯坦的空间弯曲及时间弯曲的概念，耗时 60 年才进入普通大众的想象之中，物理学家们却早就接过他的时空弯曲的概念来解释引力了。引力为一切大规模的宇宙现象提供了动力。在天文学的大尺度中，引力要比其他力如磁力、静电力大得多；形成星系并控制星系间运动的就是引力。要解释宇宙的膨胀，引力就是关键。

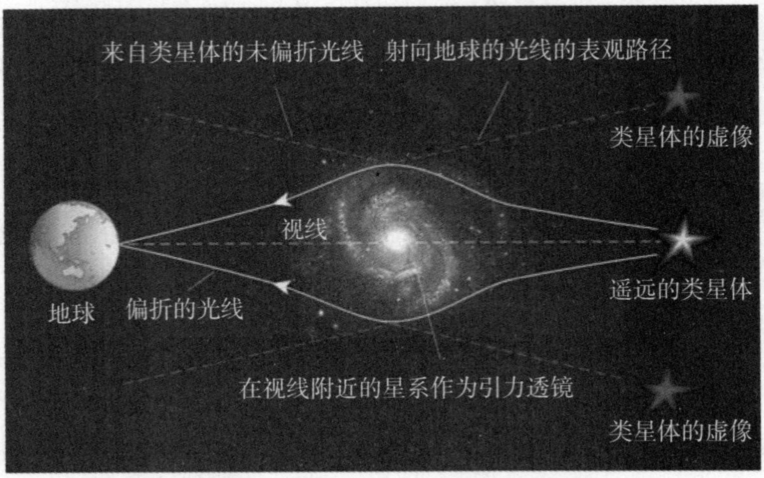

图 1－13　引力透镜原理

按照爱因斯坦的广义相对论，在一个仅含有物质的宇宙中，物质密度决定了宇宙的几何，以及宇宙的过去和未来。物质通过使时间和空间发生弯曲来改变引力，就像保龄球在橡皮垫上滚动一样。爱因斯坦令人信服地说明，引力使空间、时间伸长或扭曲（引力透镜），而且这可以通过观察太阳的引力使擦过其表面的星光弯曲这一现象得到直接的验证。从地球上看，太阳背后的天空有很小的但是明显的弯曲。时间的弯曲也可以得到证明，最直接的证明就是让钟表在空间飞行，时间在没有引力的环境中要比在地球的表面走得快。

假如太阳能拉长空间，那么星系也能。因为星系是由很多像太阳一样的恒星组成的。因而，天文学家们认为星系不是在空间中离散，而是星系间的空间在伸长。假如星系间的空间在“膨胀”，那么每个星系的活动余地都在逐日增大。这就是说，宇宙在扩展，却不必扩展到某种外部的真空之中。

（2）宇宙的中心

就像太阳系中所有的行星都绕着太阳旋转，银河系中所有的恒星都绕着银河系的中心旋转一样，宇宙中存在一个让所有的星系都绕其旋转的中心点吗?

哈勃的发现被认为是证明了“我们所在的星系是众星系的中心，其他所有的星系都在飞离我们”的观点。看起来应该存在这样的中心，但是实际上它并不存在。因为离我们远的星系退行速度要比近处的星系退行速度大，因而远处和近处的星系彼此间的距离也在扩大，所以事实上每一个星系都在脱离其他的星系。无论你从宇宙中的哪个位置上观察，星系扩散的图式看上去都是很一致的。

宇宙的膨胀一般不发生在三维空间内，而是发生在四维空间内的，它不仅包括普通三维空间（长度、宽度和高度），还包括四维空间的一个要素——时间。描述空间的膨胀是非常困难的，但是我们也许可以通过气球的膨胀来类比解释它。

我们可以假设宇宙是一个正在膨胀的气球，而星系是气球表面上的点，我们就住在这些点上。我们还可以假设星系不会离开气球的表面，只能沿着表面移动而不能进入气球内部或向外运动。在某种意义上可以说我们把自己描述为一个二维空间的人。

如果宇宙不断膨胀，也就是说气球的表面不断地向外膨胀，则表面上的每个点彼此离得越来越远。其中，某一点上的某个人将会看到其他所有的点都在退行，而且离得越远的点退行速度越快。

现在，假设我们要寻找气球表面上的点开始退行的地方，那么我们就会发现它已经不在气球表面上的二维空间内了。气球的膨胀实际上是从内部的中心开始的，是在三维空间内的，而我们是在二维空间上，所以我们不可能探测到三维空间内的事物。

同样的，宇宙的膨胀不是在三维空间内开始的，而我们只能在宇宙的三维空间内运动。宇宙开始膨胀的地方是在过去的某个时间，即亿万年以前，虽然我们可以获得有关的信息，但我们却无法回到那个时候。

（3）宇宙的归宿

恒星终归难逃消亡的厄运，那么宇宙的命运是否会一样？一些学者认为我们的宇宙有三种可能的归宿，其关键就在于宇宙所有物质的平均密度。

第一种情况是宇宙所包含的物质太少，引力无法遏止宇宙继续膨胀，结果宇宙会永无止境地膨胀下去，我们称之为“开放宇宙”；第二种情况是宇宙拥有足够多的物质，使膨胀的速度逐渐降低，并最终在某一时刻将膨胀逆转为“大压缩”，称之为“封闭宇宙”；第三种情况介于两者之间：宇宙物质的平均密度刚好等于“临界密度”，这时候宇宙会继续保持膨胀状态，不过膨胀的速度会随时间而逐渐减慢，称之为“平坦宇宙”。

换言之，如果我们知道宇宙物质的平均密度，就可以估计宇宙的未来。然而，天文学家发现，可见宇宙的平均密度只有“临界密度”的1%，这意味着我们的宇宙是一个“开放宇宙”。不过现在较为被天文学家所接受的“膨胀宇宙论”却预测我们的宇宙是平坦的，即平均密度刚好等于“临界密度”。愈来愈多证据显示，我们的宇宙中到处充斥着神秘的暗物质。这些暗物质既不发光发热，也不会吸收任何电磁辐射，我们只能从它们的引力对周围星体造成的影响上，才能间接得知它们的存在。天文学家相信，隐藏在星系晕中的暗物质可能包括已死亡的恒星（例如白矮星、一些未成为恒星的棕矮星、其他星系的行星，甚至是黑洞）。至于在广阔星际空间中的暗物质，极有可能是一种“弱相互作用粒子”。充斥着整个宇宙、静止质量接近零的中微子，以及由粒子物理学中的超对称理论所预言的“光超子”及“轴子”，都有可能是这种暗物质。

如果我们的宇宙真是一个“封闭宇宙”，那么它最终会结束膨胀。宇宙开始收缩之后，宇宙微波背景辐射的温度开始上升，星体逐渐熔解蒸发成气体。黑洞会吸收这种气体，并且相互结合成为巨大的黑洞。在“大压缩”前的一刹那，所有黑洞很有可能合并回归至时空奇点，甚至引发另一次大爆炸，宇宙再一次诞生。有些天文学家把这种宇宙称为“冲动宇宙”。

如果宇宙是开放的话，情形将会更为有趣，因为有充裕的时间让很多怪异的现象产生。宇宙不断膨胀，物质变得愈来愈稀薄，在10^{14}年之后便不能再产生新的星体，恒星亦因耗尽燃料而丧失光辉，宇宙开始变得暗淡无光。根据统一场论，再过10^{50}年，质子衰变开始上演。由于质子是构成星体的基本成分，质子衰变后，宇宙只剩下伽马射线、中微子、电子、正电子和黑洞。这样再过10^{100}年，连最巨大的黑洞也蒸发殆尽，最后整个宇宙只剩下电子和正电子，在仍旧不断膨胀的空间里“闲荡游离”。

宇宙诞生之前，没有时间，没有空间，也没有物质和能量。大约在137亿年前，一个体积无限小、质量无限大的“原点”爆炸了，时空从这一刻开始，物质和能量由此产生，宇宙也由此诞生了，这就是宇宙创生的大爆炸。根据大爆炸理论的观点，我们的宇宙曾有一段从热到冷的演化史，在这个时期里，宇宙体系并不是静止的，而是在不断的膨胀，使物质密度从密到稀地演化，恒星、星系、星系团逐渐形成，演化为现在的宇宙。从广义上看，宇宙是无穷大、没有边际的。当代天文学的研究成果表明，宇宙是有层次结构的、物质形态多样的、不断运动发展的天体系统。宇宙是由星云、星系、星团、总星系等总体呈多重旋转结构的宏观体系和由基本粒子组成的微观体系构成的。

2 河外星系

河外星系是位于银河系之外的由几十亿至几千亿颗恒星星云和星际物质组成的天体系统，简称星系。各星系在大小、组成和结构等方面，彼此差别很大。宇宙中没有两个星系的形状是完全相同的，每一个星系都有自己独特的外貌。但是由于星系都是在一个有限的条件范围内形成的，因此它们有一些共同的特点，人们可以对它们进行大体的分类。同时，星系的空间分布也不是随机的，它们几乎全都排布成群或团，其每一个的成员星系，少则几个，多则可达万个。

本章首先介绍在多种星系分类系统中应用得最广泛的哈勃星系分类法，详细阐释每类星系的形态、结构特征及其典型代表星系；其次介绍双重星系和多重星系、星系群和星系团、超星系团和总星系；最后介绍星系的起源和演化。

从本质上说，我们无论是用肉眼还是通过望远镜仰望夜空看到的一切都是星系，或者说是星系的一部分。当我们谈到星系时，需要建立“大”的概念：星系是几乎无法想象的巨大的引力系统。一直到20世纪20年代初，绝大多数天文学家仍然认为银河系就是整个宇宙，因为靠当时的观测技术无法辨别由高密度的气体和尘埃形成的“星云”与由恒星系统构成的河外“星系”之间的差异。1924年2月，美国天文学家哈勃运用“变星测量法”，测算出仙女座大星云与地球的距离，比当时估算的银河系直径大得多，并估算出其质量和密度与银河系大体相当，首次确认了“河外星系”的存在。现在人们观测到的河外星系已达1 000亿个，有的离我们较近，可以清楚地观测到它们的结构，有的非常遥远，目前所知最远的星系离我们有近200亿光年。有人估计河外星系数目大得惊人，若画一个半径为20亿光年的圆球，其内含有约30亿个星系。

河外星系是指位于银河系之外的由几十亿至几千亿颗恒星星云和星际物质组成的天体系统，如同辽阔海洋中星罗棋布的岛屿，因此也被称为“宇宙岛”，简称星系。在众多的星系中，只有极少很亮的才有专门的名称，如大、小麦哲伦星系，仙女座大星系等，绝大多数河外星系则用某个星云星团表里的号数来命名，如M31、M104、M82、NGC1300（M代表梅西耶星表编号，NGC代表新星云和星团总表编号）。尽管有些诸如河外星云之类的称呼应改为星系，但由于历史原因，人们至今还沿用着。

各星系在大小、组成和结构等方面彼此差别很大，但它们几乎全都排布成群或团，其每一个的成员星系，少则几个，多则可达万个。星系的直径通常以几万光年计。在一个星系团内，星系之间的平均距离为100万~200万光年。星系团之间的间距可能再大上百倍。每个星系均由为数众多（大多是从几亿个到万亿个）的恒星组成。在许多星系（如银河系）中，都能检测到由星际气体和尘粒组成的星云。

2.1 星系类型

2.1.1 星系的分类

宇宙中没有哪两个星系的形状是完全相同的，每一个星系都有自己独特的外貌。但是由于星系都是在一个有限的条件范围内形成的，因此它们有一些共同的特点，这使人们可以对它们进行大致的分类。在多种星系分类系统中，天文学家哈勃于1926年提出的分类系统是应用得最广泛的一种。哈勃根据星系的形态把它们分成三大类：椭圆星系、旋涡星系和不规则星系。

椭圆星系分为七种类型，按星系椭圆的扁率从小到大分别用E0~E7表示，E代表是椭圆，数字是椭圆的扁平程度，0是球形的，也可以当作是巨大的球状星团，7是像铁饼的形状。

在椭圆星系之后是旋涡星系，它分为两支：一支是中央无棒状结构的正常棒旋星系，用S表示；另一支是中央有棒状结构的旋涡星系，用SB表示。

正常旋涡星系从S0开始，表示透镜星系，介于椭圆星系和旋涡星系之间过渡

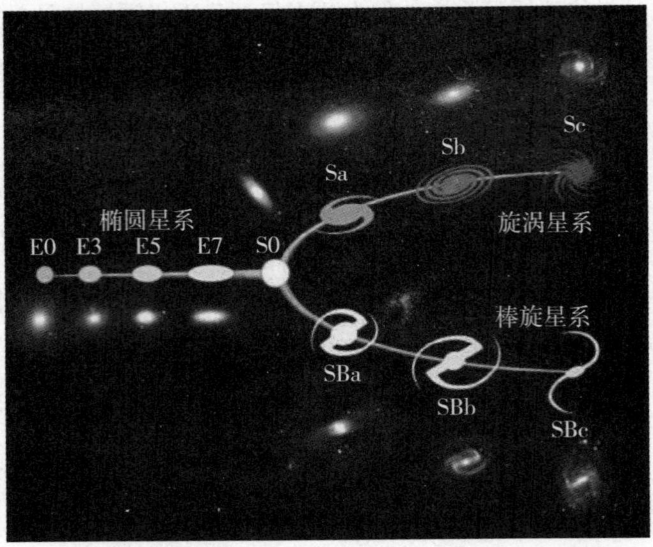

图 2-1 哈勃星系分类

阶段的星系，S 的意思是旋涡，0 则表示没有旋臂。在这个分支上还有 3 种形式，都有旋臂的结构，S 代表相同的意义，但后面跟随的小写字母则表示星系核的大小和旋臂缠绕的松紧程度。从 a 到 c 的含义如下：Sa 表示旋臂紧缠且光滑，中心的核心明亮；Sb 表示旋臂比较明确，但比 Sa 的松散；Sc 表示旋臂比 Sb 更为宽松。

棒旋星系中星系都以 SB 来表示，后随的字母也是表示棒状结构的明确程度，从 a 到 c 的含义如下：SBa 表示有明亮的核心和紧缠的旋臂；SBb 表示旋臂比 SBa 的结构松散；SBc 表示旋臂更加松散，而且中央的核心也较为黯淡。

不规则星系没有一定的形状，而且含有更多的尘埃和气体，用 Irr 表示。

近年来人们对哈勃星系分类补充了一些类型。这里提出几个常见的类型：Sd 和 SBd 表示核很小、旋臂断断续续、一块一块的，Sd 位于 Sc 之后，SBd 位于 SBc 之后；SM 表示麦哲伦云型的星系；dE 表示矮椭圆星系，这类星系不像大型星系那样明亮，质量也很小，有的同球状星团差不多，但其数量非常多，银河系附近就有许多矮星系，其数量比其他类型星系之和都多，在邻近的星系团中也已发现了大量的矮星系；CD 表示特殊的巨椭圆星系；射电星系，是指有较强的射电辐射的星系；活动星系，这是一些核心部分非常明亮而且有强烈活动的星系，星系核发出的光往往占星系总辐射的大半（中心有一个超大质量的黑洞），类星体就属于这类星系，它又包括很多种类型如塞佛特星系、致密星系、马卡良星系等。

通过观测和统计表明，星系中旋涡星系所占比例最大，不规则星系占比例最少。在已观测到的数千亿个星系中，椭圆星系约占17%，标准旋涡星系占50%，棒旋星系占30%，不规则星系只占3%。

2.1.2 椭圆星系

椭圆星系由于自旋速度快慢不同而使椭圆扁率有所不同，自旋越快，椭圆越大，星系越扁。椭圆星系的特点是中心区最亮，亮度由中心向边缘递减。由于中心区星体过于密集，所以想分辨它们是极为困难的，只有离地球比较近的椭圆星系才能用大型望远镜分辨出其外围的成员——恒星。

同一类型的河外星系质量差别很大，有巨型星系和矮型星系之分，其中以椭圆星系的质量差别最大。质量最小的矮椭圆星系和球状星团相当，而质量最大的超巨型椭圆星系可能是宇宙中最大的恒星系统，质量范围约为太阳的千万倍到百万亿倍。

椭圆星系的直径范围是1～15万秒差距。总光谱型为K型，是红巨星的光谱特征，颜色比旋涡星系红，说明年轻的成员星没有旋涡星系里的多。

图2-2 室女座椭圆星系M87

M87是一个著名的巨型椭圆星系，位于春夜星空的室女座，在梅西耶星表中的编号为87，NGC编号为4486。它是一种外观和我们银河系非常不同的星系，就以椭圆星系来说，M87 也是一个很奇特的星系。这个星系位于室女座星系团的中心，比一般的星系要大很多，直径足足有 12 万光年，比我们的银河系还要大，离我们约有 5 000 万光年。在这张影像中，拥有大量的由无数颗恒星组成的古老球状星团，这些球状星团是环拱着 M87 明亮核心的昏暗亮斑。一般来说，椭圆星系所拥有的恒星数量和旋涡星系差不多，不过在外观上，它具有浑圆的外貌，这点和扁平的旋涡星系非常不同。除此之外，它没有旋臂结构，含有极少量的云气和尘埃。M87 是最明亮的椭圆星系之一，视亮度为 8.6 等，它的角直径（观察天体时，通常以地球上看到的大小来描述，单位是角，这就是角直径）大约为 7 分，我们通过一架口径 20 厘米左右的小型天文望远镜就能欣赏到这个著名的椭圆星系。

图 2－3　M87 的喷流

由于 M87 有一个巨大的喷流，所以受到天文学家特别的关注。喷流又称宇宙喷流或宇宙喷流灯。M87 是一个非常活跃的星系，早在 1918 年，天文学家就已经发现 M87 是一个很不一般的椭圆星系，他们观测到从椭圆星系 M87 的核心向外发出一条细而直的光束，长度大约达 5 000 光年，就像是 M87 喷出的一束发光流体，颇为壮观，喷流由此而得名，M87 也因此而出名。受到当时观测设备水平的限制，无法对 M87 的喷流进行更深入细致的观测和研究。但是从此天文学家就一直对 M87 的喷流牵肠挂肚，始终给予高度的关注。20 世纪中期射电天文学蓬勃发展起来之后，人们在室女座方向发现了一个很强的射电源，命名为室女座 α。随后又发现室女座 α 原来就来自 M87 和它的喷流。天文学家发现 M87 具有奇异的巨大喷流现象已经很多年了，而且这道起源自 M87 星系核心的巨大喷流始终存在着。M87 这巨大的喷流到底是怎么产生的？究竟是什么样的神奇力量能让巨大的喷流长期保持永不消失？虽然这个问题已经争论了许多年，但是直到如今仍然没有得到一个统一的认识。目前比较流行的观点认为，M87 的喷流是在一个相当于 24 亿个太阳质量的巨大黑洞的作用下产生的，这个质量巨大的黑洞就隐藏在这个椭圆星系的核心。M87 为我们提供了一个探索星系和黑洞奥秘的极好的活样本。

2.1.3 旋涡星系

旋涡星系是目前观测到的数量最多、外形最美丽的一种星系。它的形状很像江河中的旋涡，因此而得名。这类星系在其对称面附近含有大量的弥漫物质，从正面看，形状像旋涡；从侧面看，呈梭状。银河系、仙女座星云、三角座星云都是这种类型的星系。

旋涡星系无论在形态结构上还是在恒星成分上同椭圆星系都有很大的不同。旋涡星系是一个盘状结构，里面通常有一个直径 5 万 ~ 15 万光年的星系球核，通常由第二星族的恒星组成。许多球核被认为在核心有超重黑洞寄宿着，这些黑洞虽从未被直接观察到，但许多都能间接证明其存在。球核有些特性与椭圆星系相似（缩减至较低的质量和光度）。大多数情况下，核心隆起部分接近于球体，一般球核的厚度约为整个星系直径的 1/10，其直径大者，可达直径的一半。

大量的尘埃和气体分布在星系盘上。这些由星团、单个恒星或许还有其他物质构成一个稀疏的、或多或少为球状的晕，叫作星系晕。从侧面看，它在主盘面上呈现为一条窄的尘埃带，有明显的消光现象。星系晕能伸展到盘结构之外很远处，并拥有星系总质量的大部分，其中主要是第二星族天体，其典型代表是球状星团。一个中等质量的旋涡星系往往有 100 ~ 300 个球状星团，这些星团随机地散布在星系盘周围空间。

仙女座星系 M31 是一个典型的巨型旋涡星系，在梅西耶星表中的编号为 31，NGC 编号为 224，是秋夜星空中最美丽的天体系统，也是第一个被证明是河外星系的天体系统，还是肉眼可以看见的最遥远的天体系统（3.5 等星）。当时人们尚不知道它是旋涡星系，把它与气体星云混淆在一起而取名为“仙女座大星云”，至今人们仍然喜欢这样称呼它。

M31 离银河系很近，距太阳大约 220 万光年，其旋臂是由发射状星云和疏散星团组成的条带，用肉眼就能隐隐约约地看到它，宛如天穹上漂浮着的一片薄云。仙女座 M31 的直径大约有 18 万光年，里面有约 4 000 亿颗恒星。在彩图中，M31 的细节披露得非常清楚。中央是由第二星族的恒星组成的核部。各旋臂是由发射星云、暗淡无光的气体、银河星团和蓝巨星组成的条带，上述成员均为第一星族天体。旋臂虽然很亮，但核部以外的光主要来自一个由光度等于或略小于巨星的恒星组成的垫层。旋臂就叠加在这个几近透明的恒星垫层上，因此透过旋臂之间的垫层部分仍能看到更遥远的星系。观测结果表明，垫层的形状类似于椭球，它分布在星系中央平面的上下，富含球状星团，其颜色比旋臂稍红，因此可能属于第二星族。

风车星系（M101、NGC5457）是旋涡星系的又一个范例，位于大熊座，正面朝向地球，距离地球大约 2 100 万光年（600 万秒差距）。皮埃尔·梅香在 1781 年 3 月 27 日发现了风车星系，将它描述为“没有恒星的星云，非常黑暗和巨大，视直径有 6 ~ 7 分”，随后他将此发现转达给梅西耶，梅西耶在核对了位置之后将之登录于梅西耶目录中，并作为最后一个记录。2006 年 2 月 28 日，美国国家航空航天局（NASA）和欧洲太空局（ESA）发布了一张风车星系非常详细的照片，在当时，那张照片是哈勃太空望远镜所拍的最大和最详细的星系照片。

与银河系比较，M101 真的是一个大星系，它的直径约 17 万光年，几乎是银河系的两倍。其质量最常被引用的数值是 160 亿倍太阳质量，但这个数值毫无疑问是偏低的，因为 M101 的低亮度会导致这样的低估。另一个值得关注的是这个星系巨大且极端明亮的氢游离区，在照片上有 3 000 处之多。氢游离区是在星系之中，因自身的引力而收缩的高密度氢云气区，当局部地区的氢原子密度足以引发氢融合反应时，新的恒星就将诞生。理所当然的，氢游离区经常有许多非常明亮和高温的年轻恒星，促使云气呈现蓝色。

在 M101 的图片上可以看见其中的一边是不对称的，科学家认为这是曾经和另一个星系发生碰撞所造成的。另一方面，这次遭遇也增强了 M101 螺旋臂的密度波，增强的密度波导致星系间的氢气体被压缩，触发了强烈的恒星形成活动。近代观测发现，风车星系 M101 里有超新星爆发，而且亮度攀升至 10 等左右。M101 离银河系的距离是 2 100 万光年，换句话说，地球在恐龙时代，这颗超新星就爆发了，它的光芒用了 2 100 万年穿越宇宙到达地球时，主宰这个星球的并非恐龙，而是人类了。

棒旋星系是旋涡星系的变体，是一种有棒状结构贯穿星系核的旋涡星系。按全天的亮星系统计，棒旋星系约占 15%；按较暗的星系统计，棒旋星系所占比例提高到 25%。棒旋星系在质量、光度和光谱，成员天体的星族类型、气体和尘埃的分布，星系盘和星系晕的结构以及空间分布的特征等方面，都和正常旋涡星系相似。棒旋星系运动方面的特征是：核心常为一个大质量的快速旋转体，运动状态和空间结构复杂，棒状结构内部和附近的气体、恒星都有非圆周运动。星系盘在星系的外部居主要地位，占星系质量的很大一部分。棒状结构的光度占星系光度的 10% ~20%，颜色往往比旋臂红。

NGC1300 是波江座的一个棒旋星系，其大小超过 10 万光年，距离地球 6 100 万光年。2004 年 9 月，哈勃望远镜曾为它拍过照片，在庞大的棒状结构的星系中心有一个 3 300 光年的螺旋结构。

2.1.4 透镜星系

透镜星系是椭圆星系和旋涡星系之间的过渡型星系，因外形像侧视的透镜而得名。这类星系可分为无臂旋涡星系 S0 和无臂棒旋星系 SB0 两种。透镜星系与椭圆星系的主要区别是透镜星系有星系盘，椭圆星系没有星系盘；透镜星系与旋涡星系的主要区别是旋涡星系有旋臂，透镜星系没有旋臂。

北京时间 2008 年 2 月 22 日，欧洲的科学家称利用哈勃太空望远镜在遥远的宇宙中发现了 67 个引力透镜星系。这些引力透镜星系是在椭圆形或透镜形的超大质量星系周围发现的，并表现出了极少量没有旋臂或螺旋盘的气体和尘埃。

2.1.5 不规则星系

人们观测到的许多星系在哈勃星系序列中都找不到合适的位置，无法将其分类为椭圆星系或旋涡星系，这些星系被称为不规则星系，它们没有对称结构，或者根本就没有任何结构可言。不规则星系没有核球，尽管有时它们看起来是某种结构的残余（Ⅰ型不规则星系），但仍不足以凭此将它们纳入哈勃星系序列。Ⅱ型不规则星系则根本没有任何结构。

在早期哈勃的原始分类中，通常把既不是椭圆星系也不是旋涡星系的星系都归到不规则星系里，但今天更通常的做法是进一步将这些星系区分为“正常”不规则星系和特殊星系。不规则星系不是宇宙中的特例，天文学家认为全部星系中有1/5的星系在某种程度上可以归为不规则星系或特殊星系。

不规则星系一般较小，多属于矮星系，其质量从10万～1 000万个太阳质量不等，尺度范围为一千至几十万光年，是名副其实的“小人国”。在全天最亮星系中，不规则星系只占3%。在光谱中它显示为O、B型，为蓝白色星，含有大量的氦和氢等气体，其中年轻的恒星很多，有些还是刚刚诞生的。

银河系的两个小邻居大麦哲伦星系和小麦哲伦星系均属于不规则星系。10世纪的阿拉伯人和15世纪的葡萄牙人远航到赤道以南时，都曾注意到南天星空中有两个云雾状天体，并称之为“好望角云”。葡萄牙航海家麦哲伦于1521年环球航行时，首次对它们做了精确描述，后来这两个云体就以他的姓氏命名，大云叫大麦哲伦云，简称大麦云（LMC），小云叫小麦哲伦云，简称小麦云（SMC），合称麦哲伦云。1912年，美国天文学家勒维特发现小麦云的造父变星的周光关系，赫茨普龙和沙普利随即测定了小麦云的距离，使得它们成为最早被确认的河外星系。大麦云距离地球16万光年，小麦云距离地球19万光年，它们在空间上相距5万光年。大小麦云属于离地球最近的星系之列，到银河系的距离仅次于仙女座星云。因此，大麦哲伦云号称是我们银河系的“卫星”，它围绕银河系旋转一周需要15亿年。大麦哲伦云中，有个由年老红色恒星所组成的棒状核心，外面环绕着年轻的蓝色恒星，含有相对较少的重氢元素，与银河系相比，那里有恒星形成的良好条件。小麦哲伦云虽然是一个矮星系，但其亮度很高，有一个色彩绚烂的旋涡，南半球靠近赤道地区的人用肉眼就可以看到。

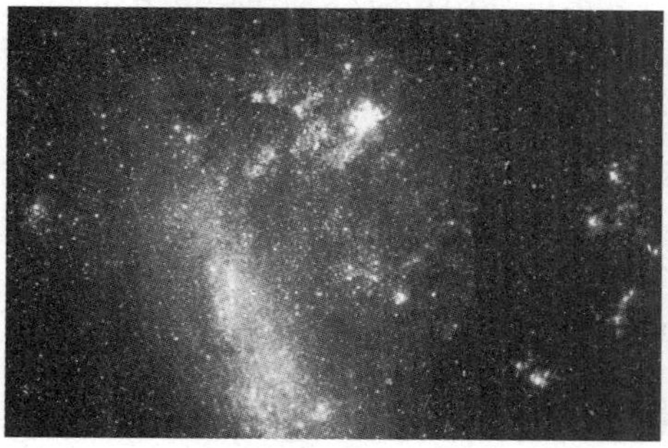

图 2-4 大麦哲伦星系

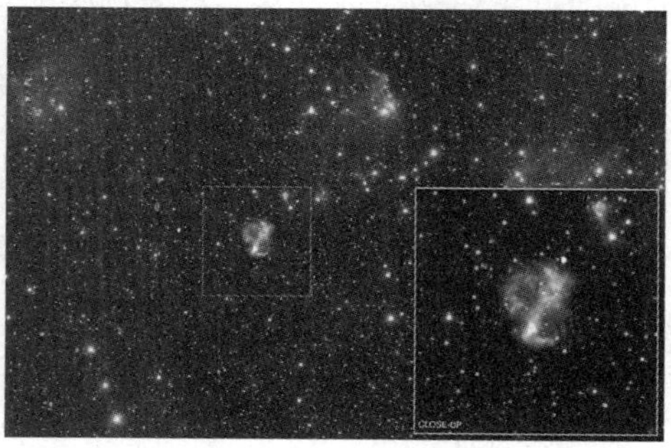

图 2-5 小麦哲伦星系

图 2-6 不规则星系 NGC4449

大型星系往往会得到所有的赞誉，年轻的蓝色星团和粉色的恒星诞生区域沿着旋臂分布开来，异常引人注目。但是小型不规则星系同样是恒星诞生的场所，就像距离我们大约 1 200 万光年的 NGC4449。该星系直径略小于 2 万光年，与我们银河系的卫星星系——大麦哲伦星系相当，因此经常与之进行对比。图 2-6 这张精彩的哈勃太空特写影像经过处理，突出了由氢气放射出来的辉光。辉光弥漫在 NGC4449 广阔的恒星形成区域，有些恒星诞生区域甚至比大麦哲伦星系内的还大，其内充满了由生命短暂的大质量恒星吹出的星际弧和泡泡。NGC4449 是猎犬座内星系群的一员，与附近星系的交互作用影响着 NGC4449 内恒星的诞生。NGC4449 在过去的几十亿年中一直在形成恒星，但目前的恒星形成率要高于以往的任何时候。按照目前的恒星形成率，星系内用来形成恒星的气体原料仅够再维持 10 亿年左右。

2.1.6 特殊星系

特殊星系是指形态和结构不同于哈勃分类中正常星系（椭圆星系、漩涡星系和不规则星系）的河外星系，具有异常的形状、大小、结构和成分。特殊星系可分为类星体、塞佛特星系、N 型星系、射电星系、马卡良星系、致密星系、蝎虎座 BL 型天体等。这些星系的命名，有的是根据历史情况，有的是根据星系特性，有的是根据发现者的名字。现在已知上述各类星系之间有重叠、交错的情况。例如，马卡良星系中至少有 10% 可归入塞佛特星系，N 型星系中有很多又属于射电星系。

这些特殊星系是有猛烈活动现象或剧烈物理过程的星系，所以又称活动星系或激扰星系。这一类星系的特殊性质主要是因星系核的活动和主星系同伴星系之间的相互扰动造成的。最主要的特点是：星系中心区域有一个极小而极亮的核，称为活动星系核；很强的非热连续谱；光谱中有宽的发射线；有的活动星系有快速光变，时长为几小时至几年；有的活动星系有明显的爆发现象，如喷流。活动星系的数量约为正常星系总数的 1%，其寿命约为 1 亿年。人类对活动星系的本质了解得还很少，活动星系的研究已成为星系天文学甚至整个天体物理学中最活跃的领域之一。

根据对众多活动星系的对比和研究，科学家们已经推算出退行速度最快的活动星系正以 0.99 倍光速的速度远离我们。它离我们越远，也就说明它起步越早。如果它离我们有 180 亿光年之遥，这就意味着它诞生于 180 亿年之前。这些接近宇宙边缘的天体，也正是诞生在宇宙早期的天体。

（1）类星体

类星体是类似恒星天体的简称，又称为似星体、类星射电源，与脉冲星、微波背景辐射和星际有机分子一道并称为 20 世纪 60 年代天文学的“四大发现”。长期以来，它总是让天文学家感到困惑不解。

类星体离地球很远，大约在 100 亿光年以外，可能是目前所发现最遥远的天体。天文学家能看到类星体，是因为它们以光、无线电波或 X 射线的形式发射出巨大的能量。

类星体是宇宙中最明亮的天体，它比正常星系亮 1 000 倍。一些天文学家相信有可能是物质被牵引到星系中心的超大质量黑洞中，因而释放大量能量（喷发剧烈射线）所致。这些遥远的类星体被认为是在早期星系尚未演化至较稳定的阶段时，物质被导入主星系中心的黑洞增添“燃料”而被“点亮”。作为能量如此大的物体，类星体却不可思议的小。与直径大约为 10 万光年的星系相比，类星体的直径大约为 1 光天（1 光天 $=2.592\times10^{10}$千米）。

类星体的显著特点是具有很大的红移，这表示它正以飞快的速度远离地球。

（2）塞佛特星系

塞佛特星系是指星系核有强烈活动的旋涡星系，1943 年由美国天文学家塞佛特发现，又称为爆发星系。它们有一个小而亮的恒星状核，核的光谱显示有很宽且是高激发、高电离的气体发射线，这在正常星系的光谱中是看不到的。

现今已观测到 100 多个塞佛特星系。有很多星系，人们原认为是马卡良星系和 N 型特殊星系，但经过光谱分析发现是塞佛特星系。这类星系的连续光谱有很快的变化，时标为几个月，然而发射线却经常不变。这表示星系中心有一个很小的区域产生非热连续谱，而在外面是一个很大的产生发射谱线的区域。由于受中心源的激发和电离，同时受中心源的辐射压，外围区域中的电离气体以每秒几千千米的高速向外运动。中心区域发出的高能电子和质子在磁场中产生同步加速辐射和逆康普顿散射，从而产生强的红外线、X 射线以及射电辐射。发射线区域中的尘埃粒子也会产生很强的红外辐射。研究塞佛特星系，在了解星系核的活动及其对星系结构、演化的影响方面，在探索星系核能源和红移的本源方面，都很有意义。

图 2－7　棒旋塞佛特星系

（3）N 型星系

N 型星系是美国天文学家摩更于 1958 年提出的星系分类法中的一种，以 N 为符号，具有很高光度，类似恒星的核心，周围有暗弱星云。摩更星系分类法不常用，但“N 型星系”的叫法却常用。目前，N 型星系这个名称已很少使用。

图 2－8　N 型星系

（4）射电星系

广义地说，有明显的射电辐射的星系，都可以叫作射电星系。一般的星系都有射电辐射。但是，射电星系通常指发出强烈的射电辐射（比一般的星系强 10^2 ~ 10^6 倍）的星系，其射电辐射功率一般在 10^{40} ~ 10^{45} 尔格/秒。射电星系大多数为椭圆星系、巨椭圆星系，也有介于二者之间的。

人们发现的第一个射电源（利用射电方法观测到的天空中有强烈辐射的区域）是天鹅座 α，是目前人类探测到的全天最强的河外射电源，但其辐射功率并不算高，约为 10^{43} 尔格/秒，射电源结构为双源型。1954 年天文学家已把它证认为星系 3C111，两个射电子源对称地位于星系的两侧。

图 2－9　天鹅座 α 射电源

图 2－10　半人马座 α 射电源

半人马座 α 是南天最强的射电源，光学证认为星系 NGC5128，这个星系中间有一条暗带，是离我们最近的射电星系，约 1.3 亿光年，射电辐射功率为 10^{41} 尔格/秒。

（5）马卡良星系

马卡良星系是具有反常强紫外连续谱的一类特殊星系，又被称为强紫外辐射星系。苏联天文学家马卡良自1967年起，共发现800多个有反常蓝核的星系，故名为马卡良星系。但它们并不构成物理性质单一的一类星系，多数马卡良星系有一个明亮的核，这个核就是紫外连续辐射源，这些星系大多数是塞佛特星系。

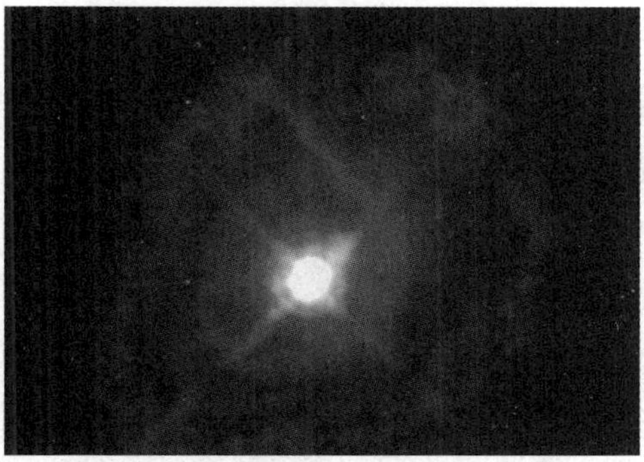

图2-11 马卡良星系

（6）星爆星系

1983年，美国、荷兰和英国三国联合研制发射了能接收红外辐射信息的红外天文卫星，结果发现了数以千计的星系具有强烈的红外辐射，即这些星系正在发射比一般星系强出几十倍以上的红外光，天文学家据此推测这些星系中正在孕育一批新恒星，这类星系被称为星爆星系，意为爆发式形成新恒星的星系。

图2-12 星爆星系 NGC1313

(7) 致密星系

致密星系是指光度几乎全部集中于核心区域的星系。这类星系的表面亮度很高，在照相底片上成像很小，刚好能与恒星成的像相区别。因是瑞士天文学家茨威基在20世纪60年代编制星系和星系团表的过程中所发现，故又称茨威基星系。按致密程度还可分为一般致密、中等致密、甚致密和极端致密4类。致密星系并不构成物理性质单一的一类，它包含许多类型的星系，有的致密星系是正常星系，但表面亮度较高。

图2－13 后发星系团是已知最致密的星系

(8) 蝎虎座BL型天体

蝎虎座BL型天体简称蝎虎天体，因蝎虎座BL而得名。这个星座位于飞马座以北，肉眼看上去是一串暗淡的小星星，弯弯曲曲地排列着。这个并不起眼的星座暴露了宇宙的一大秘密，科学家在蝎虎座中的BL天体上发现了奇怪的射电信号，开始人们以为是一颗变星（光变时标为几十分钟到数天），后来发现这是存在巨大黑洞的星系，黑洞的洞口正对着地球，而且从黑洞中喷出的巨大能量流也是正对着地球。科学家们顺着喷流可以直接看到蝎虎座天体的核心，即可以看到围绕着黑洞的吸积盘发出的光和释放的辐射。

2.2 星系群和星系团

宇宙中孤立星系只占少数，多数星系是成群的。由两个星系组成的称为双重

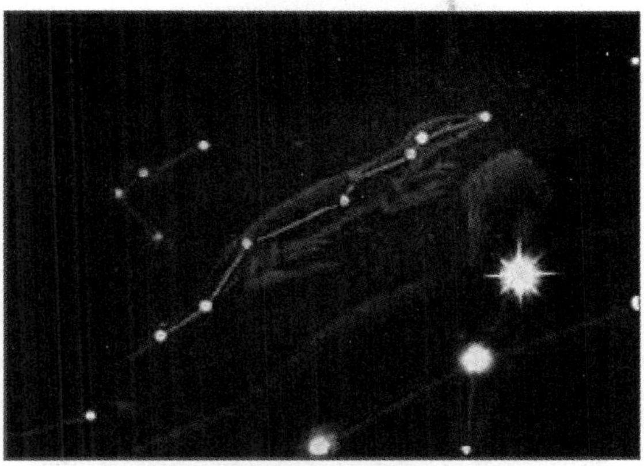

图 2-14 蝎虎天体

星系；由三个到十个星系组成的称为多重星系；由十个至几十个星系组成的称为星系群；比星系群更大的系统称为星系团，它由几百个或几千个星系组成，平均直径为几兆秒差距。超星系团是现在已知的最大的星系集团，总星系是指所能观测到的星系以及星系际物质的总体。

2.2.1 双重星系和多重星系

（1）双重星系

观测到的双重星系可分为三类。

第一类称为远距双重星系。这类双重星系的两个星系分得较开，除了因引力作用互相绕转之外，没有明显的相互作用。

第二类称为相互作用星系。这类双重星系的两个星系靠得很近，除了互相绕转外还有明显的相互作用，两个星系间的平均距离为 7 500 秒差距，猎犬座旋涡星系 M51 和它的伴星系是著名的相互作用星系。

第三类称为碰撞星系。这类双重星系几乎靠在一起，相互作用非常强烈，如果两个星系靠得很近，由于引力作用，会产生物质交流形成物质流或物质桥，甚至两个星系会发生碰撞，直至兼并，这也是星系活动的表现形式。南方天空中的乌鸦座内，在距离我们大约 6 000 万光年的两个巨大星系正发生着碰撞，这两个星系被编录为 NGC4038 和 NGC4039。但是在这一经历了数十亿年、甚至更长时间的事件里，两个星系中的恒星并没有发生碰撞，反而是其中的巨大分子气体和

图 2－15　猎犬座旋涡星系 M51

尘埃云发生了碰撞，并在碰撞的中央附近触发了猛烈的恒星诞生区域。当然，这外表可见的巨大弧状抛射结构让这对星系有了一个更为有趣的名字——“天线星系”或“触须星系”。

图 2－16　碰撞星系——“天线星系”

（2）多重星系

多重星系有相互作用的特别多，相互作用主要在某两个星系间发生，形式多样。有的是两个星系间由亮的物质桥连接起来；有的是一个星系是质量很大的旋涡星系，而另一个星系很小，正好位于大星系旋臂的最外端；还有的是一个星系可看到一块突出物，好像是另一个星系的残骸，这种突出物一般比亮桥更亮。

我们的银河系和大麦哲伦云、小麦哲伦云构成一个三重星系，大、小麦哲伦云都是不规则星系，银河系到大麦哲伦云的距离是 16.9 万光年，到小麦哲伦云的距离是 19.5 万光年。观测发现，这两个星系间有气体把它们连接起来，大麦哲伦云与银河系之间还可能有弥漫物质联系。1975 年发现了更近的比邻星系，银河系、大麦哲伦云、小麦哲伦云和比邻星系实际上是一个四重星系。

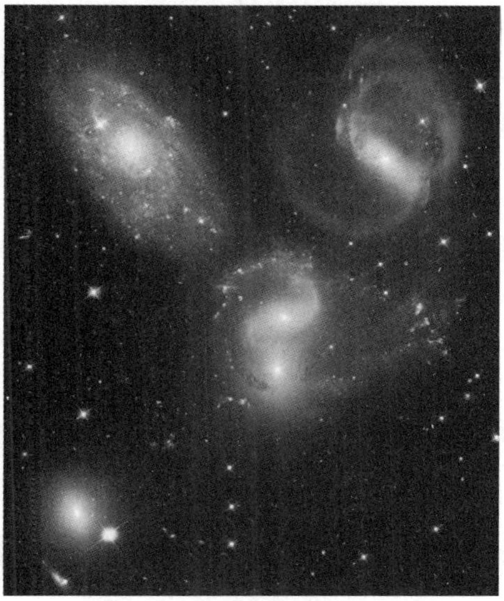

图 2－17 斯蒂芬五重星系

斯蒂芬五重星系正如其名称所示是由 5 个星系组成的（图 2－17 就是新近大修后的哈勃空间望远镜给它拍摄的新照），距离我们约 3 亿光年。但是最近的研究发现，其实只有四个星系是真正处于相互作用之中，这四个相互作用的星系（NGC7319、NGC7318A、NGC7318B 和 NGC7317）都有完全泛黄色的外观。图 2－17 左上方的星系（NGC7320）与地球的距离比其他几个星系近，距离只有 4 000 万光年。在图中，前景星系内的单颗恒星都可以分辨出来，这也暗示着它比其他星系离我们要近得多。

2.2.2 星系群和本星系群

若干星系组构成了星系群。银河系及其周围的逾30个星系组成的星系群，称为本星系群。本星系群中各种类型的星系都有，其中主要的两个星系是仙女座大星云（M31）和银河系。20世纪50年代，除上述两个星系外，确定为本星系群成员的还有M33，大、小麦哲伦云，NGC6822，IC1631，以及其他几个较小的椭圆星系。1968年在仙后座发现两个星系，分别命名为梅菲Ⅰ星系和梅菲Ⅱ星系，这两个星系也被确定为本星系群成员。1975年发现的比邻星系，1978年又发现两个星系，它们也都被确定为本星系群的成员，目前已知本星系群的成员星系和可能的成员星系有40个左右。随着探测工具的进步，观测到的本星系群的成员将逐渐增多。

本星系群是一个典型的疏散群，没有向中心集聚的趋势。但其中的成员三五聚合为次群，至少有以银河系和仙女星系为中心的两个次群。银河系和仙女星系二者质量之和占了本星系群质量的绝大部分。

据推测，本星系群的主要成员仙女座星系与我们所在的银河系，会落入合为一体的命运。不过，由于这两个星系的距离有230万光年，因此两个星系要合为一体恐怕需要相当长的时间。在几千亿年后的遥远未来，两个巨大的星系将会合为一体并形成更为巨大的星系。与仙女座星系和我们的银河系合并一样，其他的星系或许也会相互接近并合为一体。随着数千亿年的时光流逝，本星系群的所有星系可能会互相合并，最终形成一个巨大的星系。星系的旋转运动会随着合并的发生慢慢消失，最终会出现一个巨大的椭圆星系。

2.2.3 星系团

在遥远的银河外星系，天文学家通过天文望远镜已经发现了上千亿个星系，它们并不是孤立地分散在宇宙之中，而是聚集起来形成一个个集团。科学家通过力学的方法对星系集团的质量进行测定，发现这些星系集团的质量远远大于星系和气体质量的总和，这些质量的来源被称为暗物质。这种由星系、气体和大量暗物质在引力的作用下聚集而形成的庞大天体系统就是星系团。星系团中星系的数目一般在一百到几千个。

星系团按形态大致可分为规则星系团和不规则星系团两类。规则星系团大致具有球对称的外形，有点像恒星世界中的球状星团，所以又可以叫作球状星系团。规则星系团往往有一个星系高度密集的中心区，团内常常包含有几千个成员星系，其中至少有 1 000 个星系的绝对星等亮于 -16 等。规则星系团内的成员星系全部或几乎全部都是椭圆星系或透镜星系。近来发现这种星系团往往又是 X 射线源。不规则星系团，又称疏散星系团，它们结构松散，没有一定的形状，也没有明显的中央星系集中区，例如武仙星系团。

星系团有两种运动形式，即星系团的整体运动和星系团内部各星系之间的相对运动。星系团的整体运动满足哈勃定律，即距离愈远，退行速度愈大。星系团内部各星系之间的相对运动可以用“速度弥散度”表示，星系团成员增多和空间尺度增大时，速度弥散度往往也增大。小星系团的速度弥散度在 200 ~ 250 千米/秒，大星系团可达到每秒 2 000 千米/秒。速度弥散度的研究有重要意义，其一是由速度弥散度结合维里定理，可以推算星系团的质量；其二是可以探讨星系团的稳定性问题。目前有两种对立观点。一种认为星系团的总能量为负值，因此星系团是稳定的；另一种认为星系团成员的速度弥散度很大，整个系统的能量为正值，因此星系团是不稳定的，整个星系团正处在膨胀、瓦解之中。

2.2.4 超星系团、本超星系团和总星系

比星系团更高一级的星系结构称为超星系团，其直径可达 2 亿 ~ 3 亿光年。超星系团往往具有扁长的外形，这种扁形结构说明超星系团通常有自转。超星系团内的成员星系团之间的引力相互作用要比星系团内各成员星系之间的引力作用弱得多，因而有人认为超星系团可能是不稳定的系统。超星系团的存在，表明宇宙空间的物质分布至少在 100 百万秒差距的尺度上是不均匀的。至于是否所有的星系团都是不同大小的超星系团的成员，由于观测资料的不足和分析方法上的困难，这个问题还远未取得一致意见。

2008 年 8 月 25 日，欧洲航天局的天文学家利用欧洲 XMM 牛顿天文望远镜在宇宙深处发现了已知最大质量的星系团——编号为“2XMM J083026 + 524133”

的庞大星系团，它包含的星系质量总计相当于1 000个银河系，其中绝大多数物质呈炽热气体状，并发散出耀眼的光芒。据天文学家估算，这个星系团距离地球约77亿光年。

本超星系团是包括本星系群在内的超星系团。包括银河系在内的本星系群在人类看来已经是十分巨大的了，但它在宇宙中只是更高一级天体系统“本超星系团”的一小部分。除了银河系之外，本超星系团还包括其他50多个星系团和星系群。本超星系团的直径在1亿~2亿光年之间，核心部分在室女星系团，银河系在本超星系团的边缘附近，距离边缘二三百万光年。本超星系团的所有成员星系都在围绕着本超星系团中心做公转运动，银河系的公转周期大约是1 000亿年。

总星系并不是一个具体的星系，也不是像本星系群、本超星系团那样的天体系统，而是指用现有的观测手段和方法，能被人们观测和探测到的全部宇宙的范围。

现在认为，总星系的半径为200亿光年，所包含的星系在10亿个以上。从目前的认识水平来说，包括这些星系在内的总星系物质，在运动和分布上是均匀的，不存在任何特殊的方向和位置。也就是说，既没有发现总星系的核心和边缘，也没有发现运动的特殊趋向。总星系所含的物质中，最多的是氢，其次是氦。星系谱线红移这一现象，如果用多普勒效应解释就是这些星系都有极大的速度，这就意味着总星系在不断的膨胀和扩大。由此，总星系的结构、演化成为了宇宙学研究中的根本问题之一。

2.3 星系起源与演化

2.3.1 星系的起源

星系的起源、演化是个复杂的问题，虽然流派很多，但都只是假说，至今还没有一个成熟的理论，目前一般倾向于“大爆炸”学说。

大爆炸是时空、自然规律以及宇宙全部的物质和能量的起点。在宇宙大爆炸之后最初的几十万年，宇宙是均匀的，温度之高使得一切化学元素都不可能存在，全部宇宙就是一锅亚原子粒子和辐射“汤”。

在大爆炸后大约38万年时，宇宙的温度降为3 000 ℃，第一个完整的氢原子和氦原子开始形成。这个时期发出的宇宙微波背景辐射图像显示，看上去没有任何特征的宇宙粒子辐射海洋已经开始显现结构的迹象。按照最广为接受的星系形成理论，在几乎完全平滑的宇宙中，这些由暗物质主导的微弱扰动，就是形成第一代星系的种子。这些原初的结构通过引力作用将气体和暗物质吸引到密度最高的区域，在那里第一代原恒星形成，并成长为第一代星系。

此时宇宙中正常的物质几乎全部是氢和氦（这些正常物质只占宇宙全部物质和能量的4%）。第一代恒星以及第一代可见的原星系就是在这些气体云中诞生的。关于星系前物质，有人认为是弥漫物质，也有人主张是超密物质。关于原星系的诞生有两种见解，一种是引力不稳定假说，另一种是宇宙湍流假说。

引力不稳定假说认为在复合时期前后的30亿年期间，星系团规模的引力不均匀性开始出现并逐渐增长，这时宇宙物质不稳定而聚成原星系。原星系刚形成时形状都很不规则，但后来在与邻近星系的相互影响作用下，尤其是潮汐力的影响下，获得一个转动力矩而开始转动起来，在旋转过程中它们慢慢地变得对称，分布也变得均匀起来。

宇宙湍流假说认为在宇宙等离子物质复合以前，强辐射压可能引起湍动涡流，物质中性化后涡流的碰撞、混合、相互作用产生巨大的冲击波，形成团块群，再演变为星系或球状星团。

现在我们能观测到的最早的星系是大爆炸7.5亿年后形成的，但仍可能存在更早的星系。虽然7.5亿年看起来是很长的一段时间，但当把它与宇宙137亿年的年纪相比时，第一代星系在宇宙寿命仅为现在宇宙年龄的5%时就形成了。与人类平均寿命相比，那时的宇宙还没到上小学的年纪。

2.3.2 星系的演化

对星系的演化有几种不同的见解。早在20世纪30年代，人们就把形态的序列看成是演化的序列，认为星系从球形开始，因自转而变扁，扁平部分形成旋臂，旋臂逐渐松卷以至消失。换句话说，星系是从椭圆星系，经过旋涡星系，最后演化成不规则星系的。另一种看法也认为形态序列是演化序列，但方向相反，从不规则星系，经过旋涡星系到椭圆星系。现在知道，椭圆星系和旋涡星系中都有老年星，而且年龄相差不多。此外，质量、扁率等量上的差别也表明，星系的形态序列不是演化序列，各种类型的星系彼此不能相互转化。第三种见解认为，演化取决于星系的质量和角动量。第四种观点认为，星系形态结构的不同，取决于形成时的初始条件：密度、速度弥散度、角动量分布、温度、湍流、磁场等的差别。近期有人提出暗物质与星系形成有关，认为宇宙起初含有均匀分布的暗物质和正常物质，大爆炸后数千年，暗物质开始成团，暗物质决定宇宙中物质的总体分布和大尺度结构。正常物质在引力作用下向高密度区域聚集，形成星系和星系团。

目前认为星系演化过程的大致轮廓是：原始星系云在收缩过程中出现了第一代恒星，原星系的中心区收缩快、密度高，恒星形成率也高，由于中心区的激烈动荡，形成了旋涡星系的星系核或者是椭圆星系整体。星系的自转离心力阻止星系在赤道面上的进一步收缩，并造成不同的扁率，气体的随机运动和恒星辐射加热等因素，使得部分气体未聚合为星胚，并因碰撞作用而沉向赤道面，形成旋涡星系和不规则星系。激烈动荡的结果，使星系从形成之初就已基本定型并保持下来，不再显著变化。在几亿年期间，由原星系演变为年轻星系。在此之后的百亿年中，一般而言，星系的演变过程十分缓慢，星系结构也无大变化。

我们现在知道在星系形成的十亿年间，其主要结构也开始显现。球状星团、中央超大质量黑洞以及星系的恒星核球都开始形成。超大质量黑洞的产生似乎对刺激调节星系的成长有着极为重要的作用。黑洞通过吞噬距其过近的恒星而逐渐长大，并对新的恒星形成产生影响。对遥远星系的观测还表明，在宇宙早期的这个阶段，星系经历了重要的爆发式恒星形成过程。

虽然传统的星系形成理论有许多成功之处，但它仍有局限性。该理论无法全面解释今天我们看到星系所呈现的各式各样的形态——从几乎没有结构的圆形、椭圆星系，到扁平蛋糕似的盘星系。

（1）旋涡星系的演化

旋涡星系的结构很脆弱，与近邻星系的相互作用很快就会破坏它的旋涡形状。今天我们看到的旋涡星系没有与其他星系发生过相互作用，这也许是它们能够保持美丽的旋涡结构和正在进行恒星形成的原因。

在星系一生最初的几十亿年，累积的物质在星系盘上沉淀下来。星系不断地吸积高速云和矮星系中落下的物质，这些物质主要是氢和氦。恒星的生死循环缓慢地提高了比氢和氦重的元素的丰度。

旋涡星系形成的理论还包括暗物质晕的成团过程。在早期宇宙，星系的主要成分是暗物质和气体，没有太多恒星。通过吸积更小的星系，一个旋涡星系“候选体”的质量变得越来越大，绝大部分的暗物质都聚集在星系外围的晕中。而气体的情况则不同，气体收缩的速度更快，因此开始以更快的速度自转，就好像滑冰运动员收回手臂会旋转得更快一样，最后气体聚集成为快速旋转的薄盘。

造成星系盘收缩停止的原因仍是个谜，计算机模拟的盘星系形成也不能完全重现这些盘星系的自转速度和大小。有理由相信，来自明亮的新形成恒星的辐射，或者是几乎每个星系中心都有的超大质量黑洞使得星系盘的收缩速度减慢，并因此调节了星系形成的过程。还有证据表明，暗物质晕对星系施加了额外的“拉力”，从而阻止了星系盘的进一步收缩。也许在这个时段，星系碰撞和并合过程已经开始起到重要的作用，为星系提供了“新”的气体恒星和暗物质。

旋涡星系的第一代恒星诞生率较低，所以有部分气体保存下来，计算表明，不同的初始密度和初始速度弥散度，可以形成核球和星系盘之间大小比例不同的星系，这就可以用来大致解释旋涡星系的三种次型。旋涡星系和棒旋星系的旋臂以及棒旋星系里的棒是如何形成和演化的，这是星系起源演化研究至今还未解决的问题之一。有人认为，旋臂是星系核抛射物质的产物，而较差自转是旋涡结构的成因，旋臂的演化趋势是旋开还是旋闭至今尚无定论。

（2）椭圆星系的演化

按照传统观念，对椭圆星系来说，可能由于初始密度、初始速度弥散度都较大，恒星形成率一开始就非常高，气体几乎全部用来形成恒星，星系中的恒星是无碰撞的，所以椭圆星系中的恒星形成在其诞生之初的星爆后就已经停止，其光芒仅来自日益年老的恒星。在典型大椭圆星系的外围区域，都有延展的球状星团系统。由于缺乏新星形成，最初天文学家认为椭圆星系的形成时间要比旋涡星系早。然而，最近在一些椭圆星系中观测到年轻的蓝色星团和其他结构，都能用星系碰撞理论来解释。并合假说预言，任何两个质量相当的星系，无论它们是什么类型的，在经过碰撞并合的长期过程后，产物都是一个椭圆星系。星系间发生这样的主并合在宇宙早期是很普遍的，在今天的宇宙中主并合仍在继续，只是发生的频率要低得多。

关于椭圆星系的形成，有一种星系形成理论认为，椭圆星系是由两个旋涡扁平星系相互碰撞、混合、吞噬而形成的。天文观测说明，旋涡扁平星系盘内恒星的年龄都比较轻，而椭圆星系内恒星的年龄都比较老，即先形成旋涡扁平星系，两个旋涡扁平星系相遇、混合后再形成椭圆星系。还有人用计算机模拟的方法来验证这一设想，结果表明在一定的条件下，两个扁平星系经过混合的确能发展成一个椭圆星系。但是，星系在宇宙中分布的密度毕竟是非常低的，它们相互碰撞的机会极小，要从观测上发现两个星系恰好处在碰撞和吞噬阶段是非常困难的。所以，这种形成理论还有待人们去深入探索。

按照并合假说，现在大多数人已经接受了这样的观点：椭圆星系演化的主要驱动力量是较小星系间的并合。如果两个彼此接近的星系质量相当，那么并合后形成的星系与并合前的两个星系都不相像。在并合过程中，一个星系中的恒星和暗物质都受到另一个星系的影响。随着并合过程进入尾声，星系的形状会迅速改变，以至于恒星的轨道急剧变化，不再与原来的系统有任何联系。如果相撞的是两个旋涡星系，开始时各自的恒星会在盘内做有序旋转，但经过并合后，这种有序的运动就会转变成随机运动。并合后生成的星系内部由围绕中心做复杂随机运动的恒星主导，恒星运动的轨道互相交错，正如我们看到的椭圆星系一样。

在形成我们今天看到的大多数椭圆星系的并合过程中，恒星形成活动更加活跃，这种并合大约发生在10亿～100亿年前，那时星系内有更多的气体（因此有更多的分子云）。在远离星系中心的地方，气体云相互碰撞产生激波，促进了新星形成。所有这些事件的结果就是椭圆星系在经历了并合后再没有能够形成新星的气体了。

除了由动力学原因造成星系形态的变化外，星系中恒星的形成和演化过程是决定星系化学成分，星气比例、光度、颜色等物理量随时间演化的主要因素。一般来说，大质量恒星比小质量恒星演化快得多。大质量恒星在演化过程中合成碳、氧、铁这类重元素，通过爆炸形式把它们送回星际介质；小质量恒星则合成较轻的氦等轻元素，以较平稳的形式返回小量物质。因此，不同质量恒星的比例是控制星系化学元素演化的最重要因素之一。另外，处在不同距离的星系也将反映出宇宙中星系的演化史。

哈勃根据星系的形态把星系分成椭圆星系、旋涡星系和不规则星系三大类。椭圆星系由于自旋速度不同而使椭圆扁率有所不同，椭圆星系的特点是中心区最亮，亮度由中心向边缘递减；漩涡星系是一个盘状结构，里面通常有一个星系球核，由又小又红也较老的第二星族恒星组成；不规则星系没有一定的形状，而且含有更多的尘埃和气体。除此之外还有如矮星系、射电星系、活动星系、类星体等特殊星系。由两个星系组成的星系称为双重星系；由三个到十个星系组成的星系称为多重星系；由十个至几十个星系组成的星系称为星系群；比星系群更大的系统称为星系团。超星系团是现在已知的最大的星系集团，总星系是指观测所及的星系以及星际物质的总体。不同类型的星系有着不同的演化阶段和演化史。

3 银河系

银河是银河系在天球上的投影，银河系是以银河命名的星系，是一个由众多恒星构成的天体系统。认识太阳系、地球在银河系中的位置和运动状况，要先从认识银河开始，再从银河里的恒星、星座认识银河系的结构特征、物质组成和运动特征以及演化。

本章首先介绍银河和银河系的概念，银河系的结构特征、物质组成和运动特征，银河系的演化历史和未来趋势；其次介绍银河系中典型代表星系的形态和结构特征；最后介绍同为银河系组成部分的银河星云特征和类型。

科学家们对宇宙不断地探索研究结果，让我们对星空有了越来越多的认识。认识的越多，也会发现未知的更多。许多神秘莫测的现象等待人们去发现、去认识、去研究。那么就伴随本章的介绍描述，让我们一起去穿越宇宙，到“银河”里畅游一番吧。

3.1 银河系及其构成

3.1.1 银河及银河系

(1) 银河及其传说

夏日的夜晚，我们在晴朗的夜空中会看到一条淡淡的光带从东北向南横贯天穹，宛如一条奔腾的长河，这就是人们常说的银河。银河环绕全天空，跨越 25 个星座，它们是：天鹅、天鹰、狐狸、天箭、蛇夫、盾牌、人马、天蝎、天坛、矩尺、豺狼、南三角、圆规、苍蝇、南十字、船帆、船尾、麒麟、猎户、金牛、双子、御夫、英仙、仙后和蝎虎。银河各段明暗不一，宽窄不等，最宽达30度，最窄只有4~5度。夏秋之交见到的天鹅、天鹰及天蝎、人马段比较明亮壮观。

我国古代称它为天河、银河或星河等，欧洲人则称它为乳白色的道路（milk way）。自古以来，气势磅礴的银河给人类带了无限遐想。古人不知道银河是什么，把银河想象为天上的河流。世界各地有许多创造天地的神话都是围绕着银河而来的，这些神话故事表达了人们对银河的喜爱。

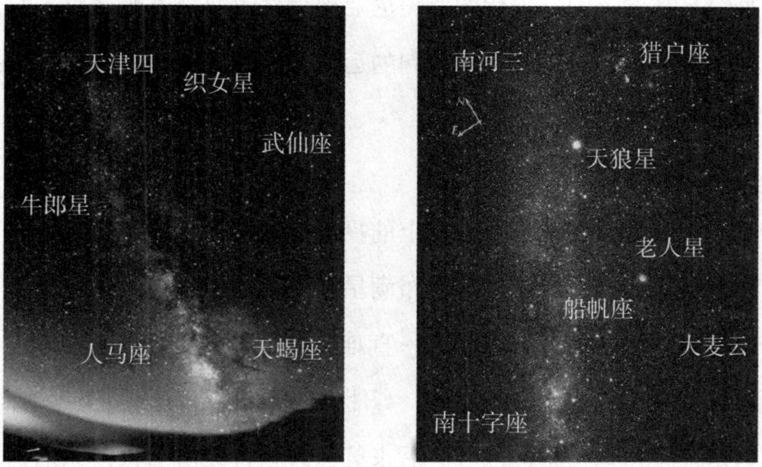

图3-1 美丽的银河（左为北半球夏夜银河，右为北半球冬夜银河）

中国古代视银河为天河，编造出牛郎织女的浪漫爱情故事。传说牛郎是南阳城牛家庄的一个孤儿，依哥嫂过活。嫂子马氏为人刻薄，经常虐待他，他被迫分家出来，靠一头老牛耕地生活。这头老牛很通灵性，有一天，织女和诸仙女下凡游戏，在河里洗澡，老牛劝牛郎去取织女的衣服，后来织女便做了牛郎的妻子。婚后，他们男耕女织，生了一儿一女，生活十分美满幸福。不料天帝查知此事，派王母娘娘押解织女回天庭受审。老牛不忍他们妻离子散，于是触断头上的角，变成一只小船，让牛郎挑着儿女乘船追赶。眼看就要追上织女了，王母娘娘忽然拔下头上的金钗，在天空划出了一条波涛滚滚的银河。牛郎无法过河，只能在河边与织女遥望对泣。他们坚贞的爱情感动了喜鹊，无数喜鹊飞来，用身体搭成一道跨越天河的彩桥，让牛郎织女在天河上相会。王母娘娘无奈，只好允许牛郎织女每年七月七日在鹊桥上会面一次。

希腊神话中，有两个关于银河产生的神话传说。一个传说是大神宙斯与凡女爱克米拉生子赫尔克里斯，宙斯趁神后赫拉睡梦时让赫克里斯偷吮赫拉的乳汁以得神后的法力。赫拉惊醒，盛怒之下推开了正在吃奶的孩子，乳汁洒向天庭，形成乳白色的光带——奶之路。另一个说法则是赫耳墨斯偷偷地将赫尔克里斯带去奥林匹斯山，趁着赫拉沉睡时偷吸她的奶汁，而有一些奶汁射入天空，乳液将深蓝色的天空染白了，于是形成了银河。

在瑞典，银河系被认为是冬天之路，因为在斯堪的纳维亚地区，冬天的银河是一年中最容易被看见的。古代的亚美尼亚神话称银河为麦贼之路，叙述有一位神祇在偷窃麦秆之后，企图用一辆木制的运货车逃离天堂，但在路途中掉落了一些麦秆，因此形成银河。

（2）银河系的发现

实际上，银河就是银河系在天球上的投影，这条光带就是我们置身其内而侧视银河系时在可见光波段所看到的、布满星星的圆面——银盘投影。虽然天文学家已经撩开了银河系的面纱，但是却一直难见其庐山真面目。

银河系的发现经历了漫长的过程。17 世纪，伽利略首先用望远镜观察银河。他发现，这是一个恒星密集的区域。后来英国人赖特提出了银河系的猜想，并具体描绘出了银河系的形状。他假定银河系像个“透镜”，连同太阳系在内的众星位于其中。18 世纪，英国天文学家赫歇尔父子对赖特的猜想进行了验证。他们发现银河系中心处恒星很多，而离中心越远恒星越少。他们的观测表明，银河系确是一个恒星体系，并且其范围是有限的，太阳靠近银河系中心。他们估计银河系的直径 8 000 光年，厚 1 500 光年，其中有 3 亿颗恒星。1915 年，美国天文学家卡普利研究了许多球状星团的变星，发现太阳并不在银河系中心，而是距中心约 5 万光年，银河系直径有 30 万光年。其实这些数值偏差太大，因为卡普利在计算距离时未计入星际消光。20 世纪 60 年代，人们测得的银河系数据是：质量相当于 2 000 亿个太阳的质量，直径 10 万光年，厚 2 000 光年，太阳距离银河系中心 2.5 万光年。

3.1.2 银河系的结构特征

银河系的结构在不同波段可显示出不同的特征。在可见光波段，人们常把银河系描述为一个中央凸起（称为核球）的偏平薄盘（称为银盘），呈类透镜星系或旋涡星系，也有人提出是棒旋星系。

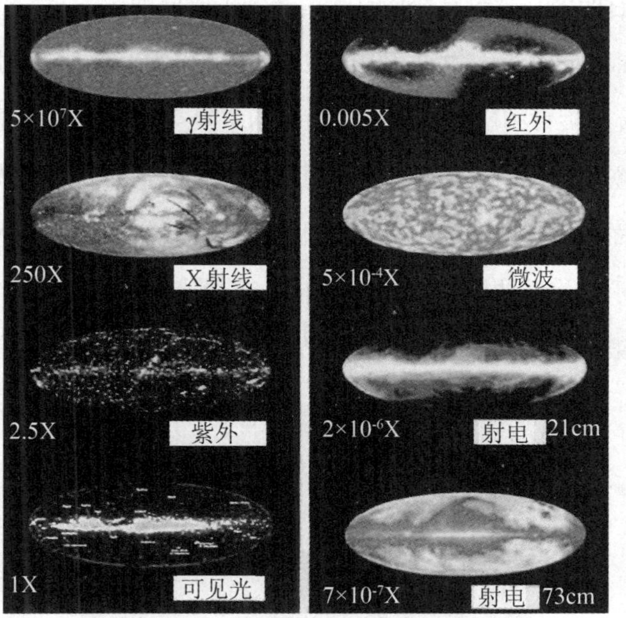

图 3－2　银河系不同波段特征

银河系的结构有几个主要组成部分：包含旋臂的银盘、中央突起的核球（包含银核和银心）和银晕（包含外围的银冕）部分。

（1）银盘

银河系的物质主要是恒星，在可见光波段，密集部分组成一个圆盘，称为银盘。银盘的中心平面投影到天球上称为银道面，银道面与天赤道相交成约 63. 5 度角。

据最新研究资料，银盘直径约 8 万光年（近年研究为 8. 5 万光年，早期值是 10 万光年），银盘中间厚、外边薄，中间的核球直径约 1 万光年，银盘靠近核球的地方厚 3 000 ~6 000 光年，边缘仅 1 000 光年。太阳在银盘中位于距银心大约 2. 4 万光年的地方，它到银盘边缘的距离为 1. 6 万 ~6. 4 万光年，太阳附近的银盘厚度约为 3 000 光年。

银盘中的物质主要以恒星形式存在，占银河系总质量不到 10% 的星际物质绝大部分也散布在银盘内。恒星主要由星族 I 天体组成，如 G－K 型主序星、巨星、新星、行星状星云、天琴 RR 变星、长周期变星、半规则变星等。星际物质中，除含有电离氢、分子氢及多种星际分子外，还有 10% 的星际尘埃，这些直径在 1 微米左右的固态微粒是造成星际消光的主要原因。

为了探明银盘的结构，根据 20 世纪 40 年代巴德和梅奥尔对旋涡星系 M31（仙女座大星云）旋臂的研究得出旋臂天体的主要类型，进而在银河系内普查这几类天体，发现了太阳附近的 3 段平行臂。由于星际消光作用，光学观测无法得出银盘的总体面貌。有证据表明，旋臂是星际气体集结的场所，因而对星际气体的探测就能显示出旋臂结构，而星际气体的 21 厘米射电谱线不受星际尘埃阻挡，几乎可达整个银河系。光学与射电观测结果都表明，银盘确实具有旋涡结构。

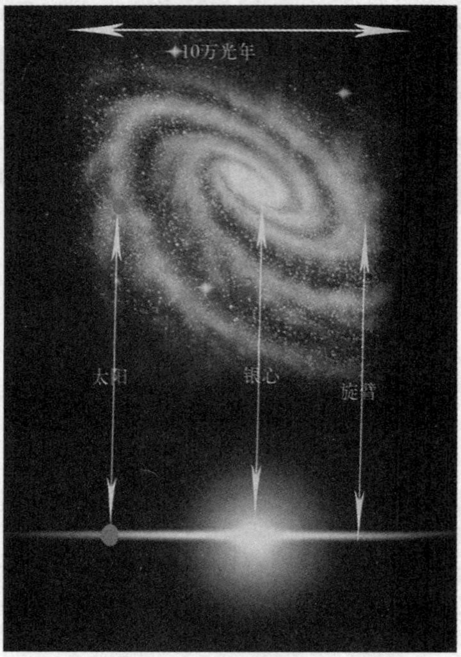

图 3－3　银河系结构

（2）银河旋臂

如果有机会从上方俯瞰我们的银河系平面，它更像是一只巨大的“八爪鱼”。因为银河系中的恒星并不是均匀分布的，各种星际物质形成的星云、开放星团、新星等集合在一起，看上去就像是从银河系中心向外依逆时针方向延伸出的多条“手臂”，天文学上将它们称为“银河旋臂”。

银河系包括 4 条大的和 2 条小的旋臂。太阳系坐落在较短的猎户座旋臂上，位于英仙座旋臂和人马座旋臂之间。旋臂是银河系里新恒星诞生的摇篮。事实上，银河系每年都会有约 10 颗新恒星生成，每 100 年至少会有一颗恒星老化。新生的恒星就出现在银河的旋臂上。

在研究银河系旋臂时，光学方法受到很大限制。人们关于银河系旋臂的知识主要来源于射电观测。在太阳附近，射电观测探测到 3 段旋臂，即英仙座旋臂、猎户座旋臂和人马座旋臂，太阳靠近猎户座旋臂的内侧。20 世纪 70 年代，人们通过探测银河系一氧化碳分子的分布，又发现了第 4 条旋臂，它跨越狐狸座和天鹅座，是一条离银心 4 000 秒差距的旋臂，正以约 50 千米/秒的速度向外膨胀。现已得知，旋臂是气体、尘埃和年轻恒星集中的地方。旋臂内主要是极端星族 I 天体，如 O 型和 B 型星、金牛座 T 型变星、经典造父变星、疏散星团、超巨星、星协等。旋臂内还有大量的中性氢、电离氢、分子云和尘埃。

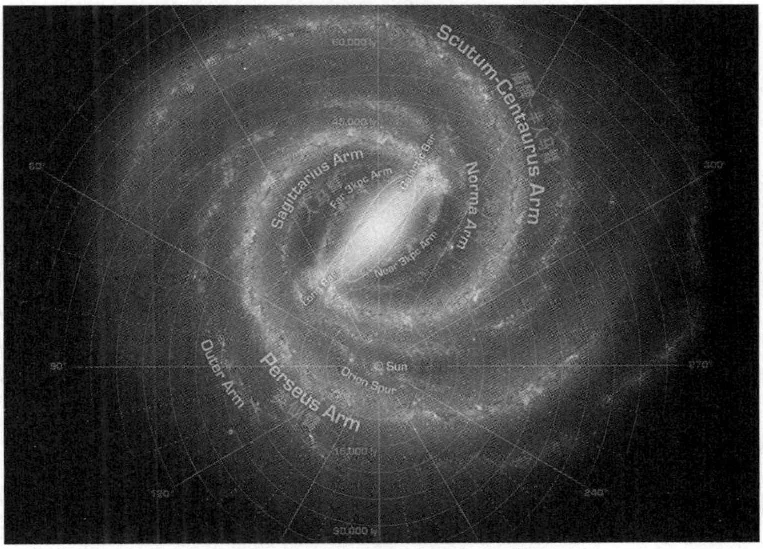

图 3－4　银河系的旋臂

2008 年 6 月 5 日，美国天文学家描绘出了银河系最真实的地图，最新地图显示，银河系旋臂与之前所观测的结果大相径庭，原先银河系的四个主旋臂，现只剩下两个主旋臂，另外两个旋臂处于未成形状态。对银河系的最新探测是用美国航空航天局的尖头式太空望远镜完成的，这种太空望远镜可以检测出红外光。因为所有发热物体均可发出红外线，红外线光波可以穿过尘埃。用这种方法得到的银河全景包括80万张照片，共有1.1亿颗星星包含在其中。通过计算星星的数目，科学家们发现，两条主要的旋臂分别是人马座旋臂和英仙座旋臂。在这两条主要的旋臂上，既聚集着年轻明亮的恒星，也聚集着星龄很老的红巨星。

图3-5 银核16光年×16光年范围红外图像

（3）核球、银核和银心

核球是银盘中心隆起的近似于球形的部分，最新的一些观测显示，核球也许不是椭球，而是一条棒。银核是核球区域恒星高度密集区，银核为扁球形，赤道半径约30光年，极半径约20光年。银核是一个很特别的区域，它能发出很强的射电、红外线、X射线和γ射线辐射。

银心是指银河系的中心，即银河系的自转轴与银道面的交点。银心在人马座方向。银心除作为一个几何点外，它的另一含义是指银河系的中心区域，半径只有11光年左右。太阳距银心约2.4万光年，银心与太阳系之间充斥着大量的星际尘埃，所以在北半球用光学望远镜难以在可见光波段看到银心。射电天文和红外观测技术兴起以后，人们才能透过星际尘埃获得银心的信息。现已得知，不仅大量气体从银心外涌，而且银心处还有一个强射电源，即人马座A，它发出强烈的同步加速辐射。在星系包括银河系的演化史上，有过核心激扰活动，这种活动至今尚未停息。

目前，天文学家发现，在银河系中心有一个超巨黑洞，它的质量约为银河系总质量的0.5%。多年来，天文学家对一颗名为S2的星体的运行轨道进行了跟踪研究，最终得出结论：S2附近确实存在一个巨型黑洞。质量是太阳7倍的S2，以1.8亿千米/小时的速度每15.2年绕银河系中心运动一周。之所以如此高速运动，是因为它周围存在黑洞，“害怕”被黑洞“吞噬”。经过计算，这个黑洞距地球2.6万光年，质量是太阳的370万倍。

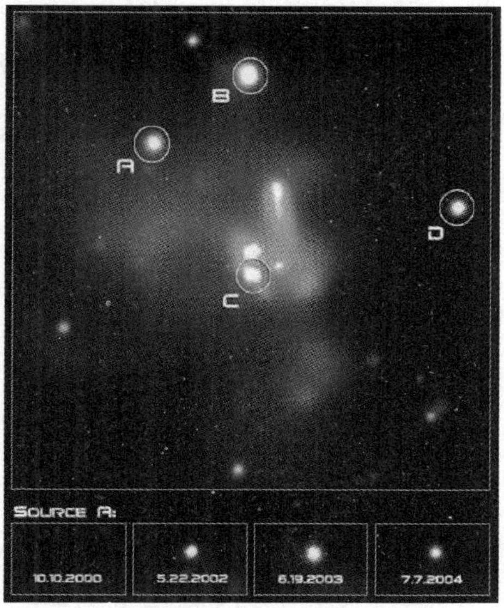

图3－6 银核4个X射线源

（4）银晕

银晕在银盘外面，是一个范围更大、近于球状分布的系统。银晕的直径逾10万光年，其中物质的密度比银盘中的低得多，银晕主要由亚矮星、贫金属星和球状星团等组成，没有年轻的O型、B型星，有少量气体。球状星团在银晕中有比较广泛的分布，已发现的200多个球状星团，有160个分布在银晕中，是银晕中最亮的成员。

近年来，根据观测可见物质的运动推断，在恒星分布区之外，还存在一个巨大的大致呈球形的射电辐射区，称为“银冕”，其半径可达30万光年，其性质目前还不了解。

3.1.3 银河系的物质组成

银河系是太阳系所在的恒星系统。银河系大约包含2 000亿颗星体，其中约90%为恒星。恒星的种类繁多，按照恒星的物理性质、化学组成、空间分布和运动特征，可以分为5个星族。最年轻的星族Ⅰ恒星主要分布在银盘里的旋臂上；最年老的星族Ⅱ恒星则主要分布在银晕里。一般认为，银河系中的恒星多为双星或聚星（10个以内的恒星组成的群体为聚星，10个以上的恒星组成的群体为星团）。到2006年，科学家有了新的发现并认为，银河系的主序星中2/3都是单星，其余有大量的双星和1 000多个星团。银河系里还有气体和尘埃，其含量约占银河系总质量的10%，它们分布不均匀，有的聚集为星云，有的则散布在星际空间。20世纪60年代以来，科学家在银河系中发现了大量的星际分子，如CO、CH_4等。

3.1.4 银河系的运动特征

（1）银河系的自转

我们知道太阳系中的每个星体（上至太阳下至火星与木星轨道间的小行星）都在自转，只是一些星体比另一些星体转得快。这就提供给我们一个想法，其他行星一定也在自转，事实上，甚至整个银河系也在自转。

银河系圆盘形的扁平结构是银河系中的天体快速转动的结果。弄清楚庞大银河系的自转情况谈何容易。天文学家通过多种探测方法，经过半个多世纪的研究，只能描述出一个大概：在银河系中心区域是高速的、类似刚体的转动，即处处以相同的角速度旋转，线速度随距中心的距离增大而快速增加；至核球边缘处速度增大到250千米/秒，再往外则速度降低并略有起伏，到太阳处线速度为220千米/秒。20世纪70年代以来的观测表明，从太阳处往外，恒星绕银河系中心公转的线速度虽略有起伏但总的趋势是逐渐增加的，到离银心5.8万光年处，达到300千米/秒，而且一路增加下去。恒星绕银河系中心公转的规律不太像太阳系里的行星那样服从开普勒定律——角速度随着到太阳的距离增大而大大减低，线速度也缓慢减少。对这种情况的解释是：在银河系边缘区域或者在银晕中，存在大量暗物质。

1964 年，国际天文学联合会确定太阳带领其行星系统绕银河系中心转动的速度的值是 250 千米/秒，1985 年修改为 220 千米/秒。方向是：从银道北面俯视，取顺时针方向；与太阳系天体绕太阳公转及太阳自转的方向相反，所以又称为“较差自转”，周期 2.7 亿年。在绕银河系中心运转的同时，太阳系还在银道面上下运动，周期为 6 200 万年。

（2）旋臂的运动

除了恒星等天体绕银河系中心的运转，银河系的旋臂图案也在银盘中转动。相对于旋臂图案，当由气体和尘埃物质组成的云团“冲进”旋臂时，因运动受阻而被压缩，使云团受到扰动而出现新恒星孕育的契机。在旋臂中诞生的恒星，如果是大质量的 O 型和 B 型星，由于寿命只有几千万年，等不到走出旋臂就消亡了，所以在旋臂以外几乎看不到它们的踪影。而像太阳这样的小质量恒星，寿命在 100 亿年以上，便有着进出旋臂的经历。我们可推测：太阳已经多次穿越银河系的旋臂。虽然，我们还不知道旋臂对于地球的环境曾产生什么影响，但有一些事实或许值得我们思考：恐龙灭绝的时代太阳系处于旋臂之外；而人类形成的年代，太阳系正在旋臂之中。我们现在还在猎户臂里，至少还将穿行 2 000 万年。

（3）银河系的空间运动

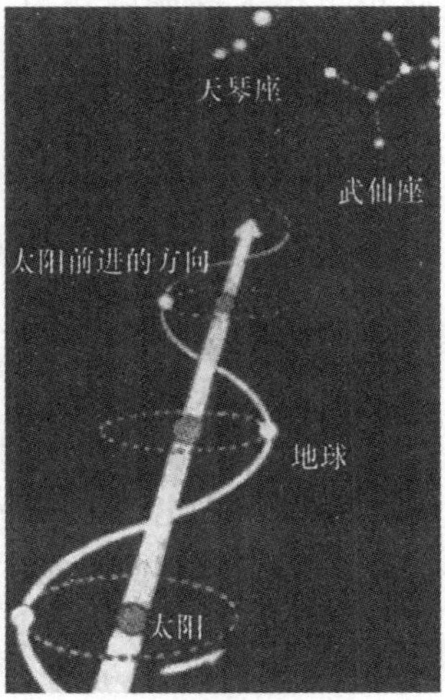

图 3-7　银河系的奔赴点

银河系作为一个整体系统，除了自转以外，也在宇宙空间运动着。由于我们住在银河系里，不能直接观测它在宇宙空间的运动，但可以从一些河外星系相对于银河系的运动来研究银河系的本身运动。天文学家已经测出，银河系除了自转外，还以 19.7 千米/秒的速度朝武仙座（所谓的"奔赴点"）的方向运动着。也就是说，银河系一边旋转一边飞驰，像一个巨大的飞盘沿着一条复杂而奇妙的路线在太空运动着。

3.1.5 银河系的演化与未来

（1）银河系的起源与演化

根据迄今为止有关银河系的观测资料，从弥漫说出发，可以粗略地描绘出银河系可能的起源演化史。

在 100 多亿年前，有一个很大的星系际云，在自身引力作用下收缩，在收缩中分成几个云，其中一个大云，形成银河系；三个小云分别形成大麦哲伦云、小麦哲伦云和比邻星系。大云在收缩中成为球状，开始时内部密度比较均匀，由于湍流和其他原因，逐渐出现了一些密度较高的区域，这些区域就形成了球状星团。收缩中，云的中心密度增加最快，逐渐形成一个中心密集区，受到这个中心密集区的吸引，球状星团向它降落，围绕着中心密集部分，也就是围绕着银心，在偏心率很大而且对银道面倾角也很大的椭圆轨道上转动起来。随着大云的收缩，内部运动渐趋一致，一个转动方向占了上风，而且由于角动量守恒，转动加快，尚未形成恒星的小云互相碰撞，损失能量，扁化为银盘，盘内逐渐形成了大量的恒星，它们都在大致呈圆形的轨道上绕着银心转动。在此之前，球状星团中那些较大质量的成员星已经演化到了晚期，它们通过爆发把自己内部的重元素抛到星际空间。这样，新形成的恒星是由加进了不少重元素的星际物质形成的，所以它们都含有较多的重元素。有一部分球状星团会瓦解，它们的成员星就成为单独存在的一类恒星，我们今天观测到的球状星团的成员星也都是这类恒星。这类恒星的质量都比较小，和太阳的质量相差不多。这是因为那些质量较大的恒星由于演化较快，抛射出大量物质后已经变成了中子星或黑洞，剩下的就只有质量小的恒星了。随着银河系中心部分物质密集程度的增强，对这类恒星的吸引增强，使之轨道变小。在银河系的核心部分，恒星高度密集，恒星之间常常会彼此碰撞，甚至会有两个恒星合二为一，这就加快了演化的速度。所以，在银河系的核心常常会出现超新星爆发，形成大大小小的黑洞，而且小的黑洞还会合成大的黑洞。随着演化的进行，银河系的核心部分还形成了一个大小约 20 光年 ×30 光年的银核，它发出很强的射电辐射。在这个区域内部，恒星更加密集，而且其中心有一个大小约 2 光年的核心，这可能是一团磁场很强、转动很快、密度比较大的等离子体。

最近，一些研究者又提出了一种“碰撞星暴”的恒星形成假说，即认为两个星系之间碰撞时，气体云朝着较大星系的中心集聚凝结，同时，低密度的气体凝聚块以非常高的速度凝结，并发生爆炸形成恒星。这种理论还有待于新的观测研究来证实。

总之，银河系从形成以来在运动中演化，正在不断地成长和发展。

（2）银河系的未来

在遥远的过去，我们银河系中的两个大型邻居——仙女座和三角座星系曾经擦肩而过。几十亿年前，当两个星系擦肩而过时，相互之间的引力将低温氢从两个星系中牵引出来形成一座“氢桥”。2004 年，研究人员利用射电望远镜的观测数据绘制出形成那座氢桥的无线电发射的图案。美国天文学会第 220 届会议上描述了这座氢桥延伸了几十万光年，而且这些氢气好像结成直径为几千光年的气团。

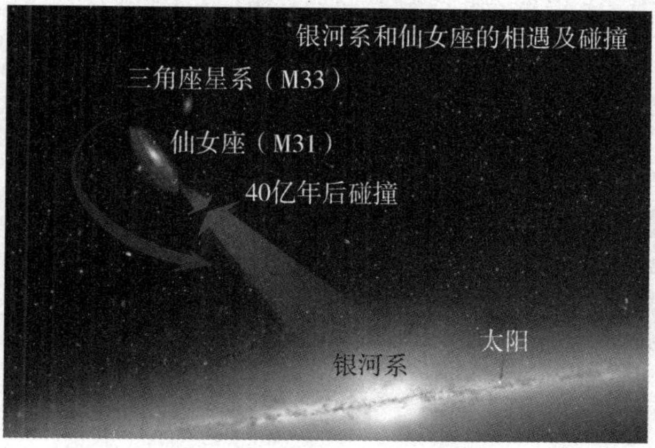

图 3－8 银河系与仙女座星系的碰撞

未来有一天，我们所在的银河系有可能会和附近的仙女座星系发生碰撞吗？科学的回答是完全可能。通过仔细测量最近几年哈勃望远镜拍摄的 M31 与背景星系影像的位移，科学家们发现 M31 的核心正向着银河系中心奔来。虽然侧向速度的测量误差较大，因而这两个核心究竟是直接对撞还是擦肩而过还很难说，但是它们的外围一定会产生强烈的引力拉扯，从而搅动整个周围的环境，较小的三角座星系可能已经跟两个较大的邻居之一碰撞在一起。最终，这三个星系将融为一个巨大的椭圆形星系，并将其中的恒星和行星甩向四面八方。

艺术家措绘了在遥远的未来银河系与仙女座星系、三角座星系相撞的过程和壮丽景色，具体的细节当然还有待更进一步的观测和研究。

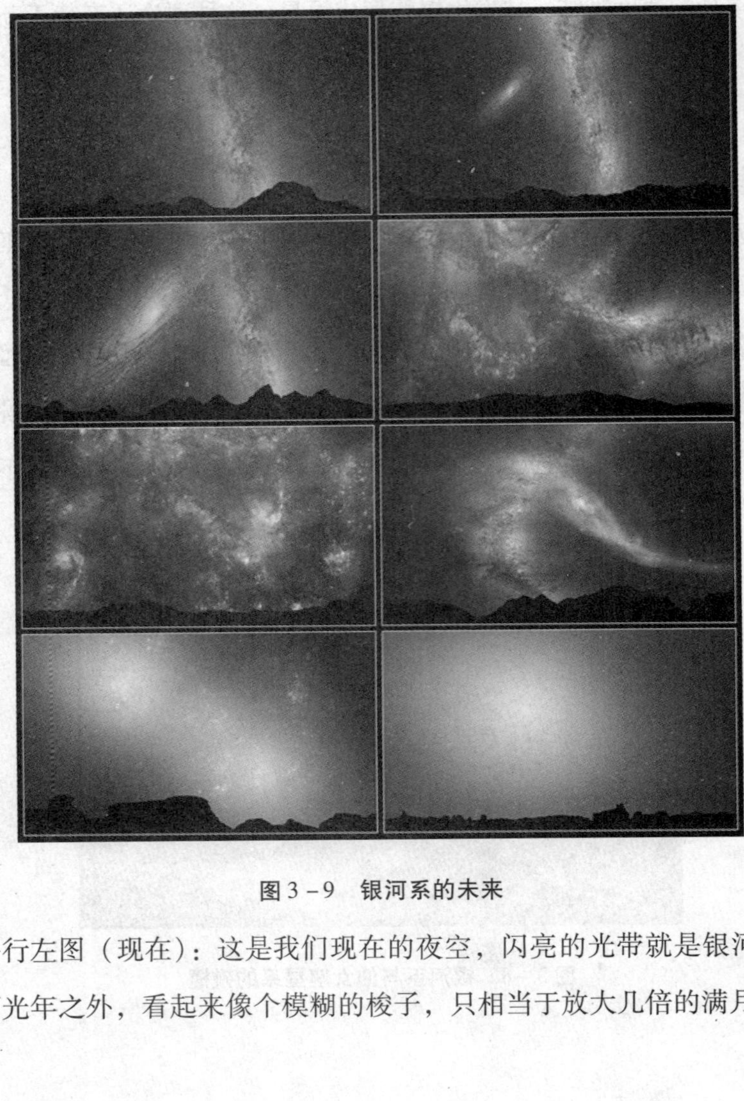

图 3－9 银河系的未来

第一行左图（现在）：这是我们现在的夜空，闪亮的光带就是银河。仙女座在 250 万光年之外，看起来像个模糊的梭子，只相当于放大几倍的满月。

第一行右图（20 亿年后）：接近中的仙女座的圆盘看起来变得大多了。

第二行左图（37.5 亿年后）：可以看到整个仙女座，银河系由于受到 M31 的潮汐力而开始扭曲。

第二行右图及第三行左图（38.5 亿～39 亿年后）：第一次亲密接触期间，夜空中像在燃烧，在喷薄而出的星云和年轻的星团间可以清楚地看到新的恒星在诞生。

第三行右图（40 亿年后）：最初的接触之后，仙女座由于潮汐力被拉长了；银河系也一样，变弯了。

第四行左图（51 亿年后）：两个星系的星系核看起来像一对肺叶。星云看起来不再那么显眼，因为星际气体和尘埃在恒星诞生之后已经大量减少了。

第四行右图（60 亿年后）：两个星系合为一个巨大的椭圆星系，它闪亮的核占满了整个天空。气体和尘埃被抹掉了，这个新的星系不再产生新的恒星，星云也不再出现在夜空中。老去的星群不再集中成带状，而是充满了整个椭圆内部。

3.2 银河系的星云

当我们提到宇宙空间，想到的往往是空无一物、黑暗寂静的真空。恒星之间广阔无垠的空间寂静固然是真，但并非就是真正的“真空”，其中存在着包括星际气体、尘埃和粒子流等各种物质。这些物质被人们称作“星际物质”。星际物质在宇宙空间的分布不是均匀的。在引力作用下，某些地方的气体和尘埃可能因相互吸引而密集起来，形成云雾状。人们形象地把它们叫作“星云”。

3.2.1 星云及其特征

1758 年 8 月 28 日晚，一位名叫梅西耶的法国天文学爱好者在巡天搜索彗星的观测中，突然发现一个在恒星间没有位置变化的云雾状斑块。梅西耶根据经验判断，这块斑的形态类似彗星，但它在恒星之间没有位置变化，显然不是彗星。这是什么天体呢？在没有揭开答案之前，梅西耶将这类发现（截至 1784 年，共有 103 个）详细地记录下来。其中第一次发现的金牛座中云雾状斑块被列为第一号，即 M1（“M”是梅西耶名字的缩写字母）。

梅西耶建立的星云天体序列，至今仍然在使用。他的不明天体记录（梅西耶星表）发表于 1781 年，引起英国著名天文学家威廉·赫歇尔的高度注意。在经过长期的观察核实后，赫歇尔将这些云雾状的天体命名为星云。

最初所有在宇宙中的云雾状天体都被称作星云。由于早期望远镜分辨率不够高，河外星系及一些星团看起来呈云雾状；后来随着天文望远镜的发展，人们的观测水准不断提高，把原来的星云划分为星团、星系和星云三种类型。由于历史习惯，某些河外星系有时仍被称之为星云，例如大麦哲伦星云、小麦哲伦星云、仙女座大星云等。

这里所说的星云是指真正的云雾状天体。人们可用肉眼观察到的星云仅有猎户座大星云一个，其余都要用望远镜才能观测到。这是因为有些星云很暗，人们难以观测到。现代宇宙学认为，星系是宇宙大爆炸中诞生的，经过上百亿年的演化，第一代星云绝大部分都演化成星体了，所以，现存的星云主要是星球和星系爆炸、抛射形成的第二代星云，有的甚至已是第三代星云了，当然也有少数残留的第一代星云和由星际物质吸积而成的星云。

星云包含了除行星和彗星外的几乎所有延展型天体。它们的主要成分是氢，其次是氦，还含有一定比例的金属元素和非金属元素，近年还发现含有有机分子等物质。星云里的物质密度很低，若拿地球上的标准来衡量的话，有些地方是真空的。可是星云的体积十分庞大，常常方圆达几十光年。所以，一般星云较太阳要重得多。

星云的物质密度十分稀薄。根据理论推算，星云的密度超过一定的限度，就要在引力作用下收缩，体积变小，逐渐聚集成团。一般认为恒星就是星云在引力作用下收缩、聚集、演化而成的。恒星形成以后，又可以大量抛射物质到星际空间，成为星云的一部分原材料。所以，恒星与星云在一定条件下是可以互相转化的。恒星也有自己的生命史，它们从诞生、成长到衰老，最终走向死亡。它们大小不同，色彩各异，演化的历程也不尽相同。恒星与生命的联系不仅表现在它提供了光和热，实际上构成行星和生命物质的重原子就是在某些恒星生命结束时发生的爆发过程中创造出来的。

3.2.2 星云的分类

18 世纪的天文学家对星云的分类大都只把它们是否发光作为标准，发光的就是“亮星云”，不发光的就是“暗星云”。还有很多人对是否存在暗星云抱有怀疑。19 世纪时，摄影技术被运用到天文观测上，人们希望在其中能发现暗星云的痕迹，但是由于暗星云本身不发光，很难被观测到，就更不用说拍摄照片了。因此，直到 20 世纪光谱技术与理论逐渐成熟并被运用到天体分析上，天文学家才分析到暗星云的温度、密度与组成，这样一来，才确定有“暗星云”的存在。

随着观测技术越来越发达，天文学家根据星云的形状、性质和发光情况的不同，将星云分为弥漫星云、行星状星云和超新星遗迹。前面所说的“亮星云”和“暗星云”可以归到弥漫星云中。

（1）弥漫星云

弥漫星云正如它的名称一样，没有明显的边界，常常呈现为不规则的形状，犹如天空中的云彩，但是一般都得使用望远镜才能观测到它们，很多只有用天体照相机长时间曝光才能显示出它们的美貌。这类星云比行星状星云大得多，它们的直径在几十光年左右，而且密度也要稀薄得多，每立方厘米只有几个质子和电子；质量大小也不一，一般为太阳质量的 10 倍，大的可达太阳质量的数千倍，小的只有太阳质量的几分之一，一般由气体和尘埃组成。在银河系里，弥漫星云分布很不均匀，主要分布在银河系内的银道面附近，有的也有成群结队的现象。著名的弥漫星云有猎户座大星云（M42）、礁湖星云（M8）、马蹄星云（M17）、玫瑰星云（NGC2237）、三叶星云（M20）、鹰状星云（M16）、马头星云（NGC 2024）等。这种星云种类很多，形态也不一样，按照其发光性质，大致可分为亮星云（又可分为发射星云和反射星云）、暗星云等。

1）发射星云。发射星云的内部或邻近通常都有大批的恒星，通过分析星云光谱的谱线发现，星云中处于激发状态的气体，受到这些恒星强烈辐射的作用而发出带有颜色的光。这些恒星所发出的紫外线会电离星云内的氢气使其发光，而氢气受激发而发出的光是偏红的，所以这类星云通常呈红色。

猎户座大星云（M42）形似艳丽的棉桃，分外壮观，是典型的发射星云。它的直径约16光年，质量约为太阳的300倍，离我们约1 500光年，是离地球最近的星云。猎户座大星云的视亮度达4等，是全天唯一能用肉眼看见的气体星云。晴朗的夜晚，不用望远镜就能看出3颗小星中间有一颗隐隐约约泛着红光的星，其实它并不是一颗恒星，而是猎户座大星云。当初，由于猎户座大星云仅凭肉眼就能看到，因此古代天文学家早已注意到它，只不过他们没有看出它是星云，而把它当作恒星从而命名为猎户座。

图3－10　猎户座大星云 M42

猎户座大星云中心区域有著名的“四边形聚星”。这4颗星都是温度很高的、刚刚诞生不久的年轻恒星。这些年轻恒星的强紫外线辐射使星云中的氢原子电离并发射出美丽的红色光辉。天文学家发现猎户座四边形区域正在诞生新的恒星，因此长期密切关注它的情况。哈勃太空望远镜也重点观测过它。从哈勃太空望远镜拍摄的猎户座四边形区域的照片中，我们可以看出在明亮的4颗星周围，有许多“小星际云”，也称为原行星盘。一些原行星盘像小蝌蚪一样长出了尾巴。这是因为在周围高温亮星所放射出的强紫外线的照射下，原行星盘内的气体和尘埃不断蒸发，随风飘逸，形成了小蝌蚪一样的尾巴。我们还可以看出原行星盘中的新生恒星已经很明显，这些原行星盘将来即将形成与我们的太阳系类似的行星系统。

2）反射星云。弥漫星云中的反射星云本身不发光，之所以能看到它们的光是因为星云中的星际物质，如星际气体、尘埃和粒子流等受到邻近恒星的照射，发出带有颜色的光。一般来说，光线通过微尘时，被星际物质散射，红光比较容易通过，沿原来的方向传播；而蓝光比较容易散射，传到我们的方向，所以反射星云大都呈蓝色，光芒较弱。

图 3－11 昴星团星云 M45

反射星云的典型代表是昴星团星云，即包裹着整个昴星团的翠蓝色星云。它在梅西耶星表中的编号是 M45，是离我们最近也是最亮的几个疏散星团之一，也是最有名的星团之一。昴星团总共含有超过 3 000 颗的恒星，肉眼通常见到的有六颗亮星。中国古代把其中的亮星列为昴宿，有关的传说和神话很多，也被称为“七姊妹星团”。昴星团星云位于金牛座，在晴朗的夜空单用肉眼就可以看到它，一般肉眼能看到 6 颗星，眼力好的话能看到更多，因此它能用来检验你视力好坏或者天气晴朗情况。

图 3－12 鹰状星云 M16

鹰状星云也是一个十分著名的天体，因它的形状像一只展翅翱翔的雄鹰而得此名。鹰状星云在梅西耶星表中排名 16，因此简称为 M16。鹰状星云位于巨蛇座。每年夏季都是观察巨蛇座的有利时机，巨蛇尾靠近银河，巨蛇头远离银河，中间隔着蛇夫座。而鹰状星云就“翱翔”在巨蛇尾的东南部边缘。鹰状星云距离我们大约6 000光年，它的视面积与满月差不多大小，视星等为6. 5等，使用小型天文望远镜就能欣赏到它那极具魅力的美妙景象。

3）暗星云。暗星云本身并不发光，也没有反射光线，所以一般很难直接观测到。暗星云的密度比较高，这使得它们不能透光，所以在明亮的背景前就显得非常黑暗。我们只能通过在较亮恒星或星云背景上的暗黑剪影，才能发现它。这些巨大的“暗星云”中没有星星，它们吸收来自其后面远方天体发的光。在宇宙空间中还有许多别的暗星云，表面看来它们空无一物，而实际上却是一块块巨大的气体和尘埃团，只是附近没有亮星照射它们罢了，例如南半球南十字座的煤袋暗星云，距离我们400光年，其直径在40光年左右。

图3－13　煤袋暗星云

图3－14　马头星云 NGC 2024

马头星云（NGC 2024）是最著名的暗星云，也称为巴纳德天体33，是一个寒冷的暗尘埃云，位于猎户座，离地球1300光年。马头星云很暗，肉眼看不到它，透过投影能够看到它的外观。猎户座猎人腰带三星右边一颗是2等星参宿一，参宿一南边有一个不太亮的条状星云IC434，马头星云就位于IC434的前面。这个星云是一个完美的马头形象，马头的正面朝向北边，南边也就是马头的鬃毛部分是这个星云最黑暗的部分，马的颈部变宽，同时渐渐隐没在向着东边延伸的暗云之中。

1988年，哈佛大学天文台在查看他们拍摄的猎户座照片底版时，首先发现了这个形状极不寻常的暗星云。马头星云被发现之后，它那与众不同的奇特形状，立刻引起了广泛的关注，许多人都想亲眼看一看这个名副其实的“天马”。然而，要想从一个只能勉强能看见的、相当暗弱的IC434中再分辨出一个几乎看不见的马头星云来，对天文爱好者们是一个极大的挑战，所以业余爱好者经常将马头星云作为检验他们观测技巧的测试目标。

2001 年，哈勃太空望远镜将镜头对准了茫茫太空中的“马头”。在哈勃太空望远镜发回的马头星云照片中，组成这个星云的一缕缕暗淡冰冷的气体和尘埃显得非常清晰。星云后面衬托着明亮红色的星云，左上侧有一颗正在形成之中的新星，被气体和尘埃遮掩着。

（2）行星状星云

行星状星云是核心有一颗亮星，周围是星云，整体呈球形或扁球形的星云，属于发射星云的一种。之所以称为行星状星云，是因为星云中核心的亮星像行星的固体部分，星云则如同行星的大气圈。在望远镜里，这种星云往往呈环状，因星云的中间部分较稀薄，还有一个原因是中间部分被那颗亮星照得较亮而变得透明，但外缘不甚亮，故不透明，一般看不到，而外缘部分较浓密，可以看得到。其实，这类星云称为环状星云更合适，因行星的大气是底层浓密，高层稀薄，行星状星云情况与此相反，所以没有必要称之为行星状星云。行星状星云无疑是中间那颗亮星喷射出来的物质形成的，也许还在扩张；一旦其扩张停止，就会收缩，最后可能又会被那颗恒星吸聚。

1977 年，威廉·赫歇尔发现这类天体后，称它们为行星状星云。其中央部分有一个很小的核心，是温度很高的中心星。行星状星云的气壳在膨胀，速度为每秒 10 ~ 50 千米。其化学组成和恒星差不多，质量一般在 0. 1 ~ 1 个太阳质量之间，密度在每立方厘米 100 ~ 10 000 个原子（离子）之间，温度为 6 000 ~ 10 000 开，中心星的温度高达 30 000 开以上。据估计，行星状星云的寿命平均约为 30 000 年左右。这类星云的出现，象征着恒星已到晚年。

在银河系演化过程中（大约 10 亿 ~ 100 亿年），将近有 10 亿 ~ 100 亿个恒星经历过行星状星云阶段。目前河外星系中也发现了大量的行星状星云，如仙女座星系中就已发现 300 多个行星状星云，大麦哲伦星系中发现 400 多个行星状星云，小麦哲伦星系中发现 200 多个行星状星云。

天琴座环状星云（M57，NGC 6720）是著名的行星状星云，它是一个形状像环的行星状星云，位于北天的天琴星座内，直径约为 1 光年，距离我们约有

2 000 光年。除了环状的土星外，天琴座环状星云就是天空中最著名的环状天体了。这个外观单纯且优雅的行星状星云，是我们从地球看出去的视线恰好穿过筒状云气的投影结果，而这团云气是由一颗垂死的中心星所抛出来的。使用太空望远镜所拍摄的照片显示：蓝色代表靠近高温中心星区域的炽热气体，再往外是较低温的绿色和黄色区域，最边缘是最低温的红色气体。除此之外，在星云的边缘附近还可以看到许多黝黑的条状结构。

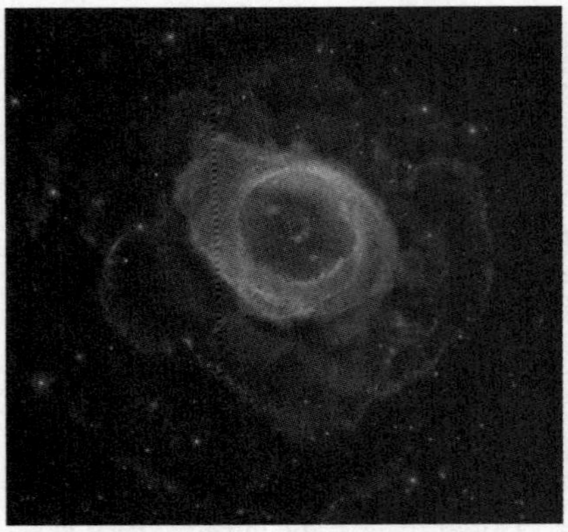

图 3－15　环状星云 M57

图 3－16　哑铃星云 M27

在全天的行星状星云中，狐狸座哑铃星云无疑是最美丽的一个，它位于梅西耶星表的第 27 位，故又称 M27 星云。它像两个圆锥顶对顶对接起来的哑铃，因此被称为哑铃星云。在行星状星云中它并不是最大的，也不是最亮的，由于较大的行星状星云都比较暗，而最亮的行星状星云又很小，因此狐狸座哑铃星云就成为最容易观测的了（因为其大小最为合适）。哑铃星云很明亮，视星等为 7. 6 等，在满布恒星的星空背景中显得很突出。当用大的望远镜观测时，能够看到柔和的蓝绿色光晕包围在“哑铃”的周围。观测表明，它的光晕长轴方向的方位角为 125 度，有 1 颗 12 等的核星靠近“哑铃”的西边缘。另外，在它以北 25 分处，仅有 1 颗 5 等星，即狐狸座 14 星。

（3）超新星遗迹

超新星遗迹是超新星爆发时，星体的外层向空间迅猛抛出的大量物质与星际物质相互作用，形成遗留在空间的丝状气体云和气壳。超新星遗迹是一类与弥漫星云性质完全不同的星云，它与行星状星云一样，体积也在膨胀之中，最后也趋于消散。

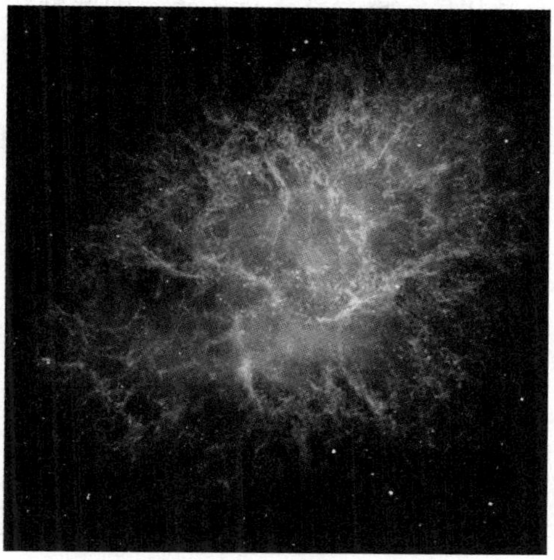

图 3－17　蟹状星云 M1

最有名超新星遗迹是金星座中的蟹状星云，它是一颗 1054 年在银河系内爆发的超新星留下的遗迹。在这个星云中央已发现有一颗中子星。中子星体积非常小，用光学望远镜观察不到。600 多年后，英国业余天文学家拜维斯在金牛座中发现了一个模糊的云雾状天体。法国天文学家梅西耶从 1771 年起开始编制他的星表，并把这一云雾状天体列为第一号天体，称为 M1。19 世纪中叶，英国人罗斯仔细观察了这一天体，发现它具有纤维状结构，酷似蟹钳，因此把它叫作蟹状星云。1921 年，美国洛威尔天文台的兰普兰特和威尔逊天文台的邓肯分别比较了相隔 8 年和 11. 5 年的蟹状星云的照片，互相独立地发现了蟹状星云的膨胀。1929 年，美国天文学家哈勃根据蟹状星云的膨胀速度推算出它大约是在 900 年前从一个点上膨胀开始的，并提出它就是 1054 年我国发现的“客星”，即今天所说的超新星爆发。

20 世纪 40 年代，通过对蟹状星云观测发现其辐射包括射电辐射、红外、光学、X 射线和 γ 射线，而且都是电子的同步加速辐射。同步加速辐射是美国的科学家在进行同步加速器的实验时发现的，实验表明：当高能电子以接近光速的速度运动时，在电子运动方向上会发出很强的光，这种辐射是高能电子在磁场中绕磁感应线螺旋运动时发出的。这种辐射本身并没有奇特之处，但是经计算表明，若要使电子速度高到足以激发 X 射线同步加速辐射，仅 1 年左右就会消耗掉蟹状星云大部分的能量，而蟹状星云已存在了近千年，因此蟹状星云中高能电子的来源成为一个谜。

1968 年，也就是发现脉冲星（脉冲星实际上就是高速自转的中子星）的第二年，在蟹状星云中发现了一颗脉冲星，自此蟹状星云之谜大白于天下：当大质量的恒星演化到晚期，由于核反应不能产生足够的力来抗衡引力，星体会快速坍缩，最大坍缩速度可达 10^7 米/秒；但越接近中心，坍缩速度越小，当中心密度到原子核密度以上时，坍缩停止，但星体外层仍在坍缩，于是便会产生反弹，把星体表层抛射出去，形成超新星爆发，其中心则压缩成一颗中子星或黑洞，蟹状星云中的脉冲星就是这样产生的。蟹状星云本身则是超新星爆发抛出的气壳。中子星具有极强的磁场，在磁层外弥漫的带电粒子被磁场“挟持”随星体高速旋转，当速度接近光速时就产生同步加速辐射，这种辐射在星体磁赤道平面内最强，在空间形成一个扁平的“盘”，如果磁轴与星轴不一致，这个“盘”就会在空间急速摆动，形成我们所观测到的射电脉冲。

蟹状星云集超新星爆发、中子星、同步加速辐射于一体，是天文学中独一无二的“精品”。一位著名的天文学家曾认为现代天文学中蟹状星云的研究占了一半，其他领域占了另一半，这一说法固然有些夸张，但可以看出蟹状星云在天文学中的重要地位。

在可见光波段，银河系的结构由旋臂的银盘、中央突起的核球和银晕几部分组成。银河系大约包含 2 000 亿颗星体，其中约 90% 为恒星。银河系圆盘形的扁平结构是银河系中的天体快速转动的结果，银河系的旋臂也在银盘中转动，银河系作为一个整体系统还以 19.7 千米/秒的速度朝武仙座的方向运动着。银河系从形成以来，在运动中不断地成长和发展，在遥远的过去，与两大邻居（仙女座和三角座星系）曾经擦肩而过，未来有一天，还有可能会与仙女座星系发生大碰撞。气体和尘埃等星际物质在引力作用下相互吸引而密集起来形成云雾状的“星云”。天文学家根据星云的形状、性质和发光情况的不同，将星云分为弥漫星云（亮星云、暗星云）、行星状星云和超新星遗迹。

4 恒星

深邃的夜空中群星璀璨。如果幸运的话，你能在远离城市灯光的郊外看到大约3 000 颗恒星。我们所在的银河系，就有超过1 000 亿颗恒星，而在目前能观测到的范围内，就有超过1 000 亿个河外星系。宇宙中的恒星，甚至比地球上的沙砾还要多。庞大而炽热的恒星，统治着整个宇宙，并在爆炸中诞生，在爆炸中死去。宇宙中充斥的无数星尘，最终成为了生命的组成部分，我们身体里的每一个原子，都是在恒星炙热的内核中产生的。恒星推动着宇宙的运转，它们是所有生命的起源。

恒星的大小不同，色彩各异，演化的历程也不尽相同。恒星有自己的生命史，从诞生、成长、衰老，到最终走向死亡，不同质量的恒星，最终结局也不同。在恒星的世界里，有单颗存在的恒星，也有两颗或更多恒星组成的多星系统；有光度稳定的正常恒星，也有突然闪亮的超新星和光度变幻的变星。

每一个恒星都和太阳一样，是巨大、炽热、能发光发热的气体大火球，只是由于距离我们太远，看上去就成为一个发光的小亮点。恒星离我们很远，对它的研究是一个困难问题。随着天文望远镜、摄影方法、光谱分析法和射电望远镜的出现和使用，以及近代科学原理的运用，人们逐渐揭示了宇宙的一些奥秘。

4.1 恒星及其构成

恒星是大质量、明亮的等离子体球。太阳是离地球最近的恒星，也是地球能量的来源。白天由于有太阳照耀，无法看到其他的恒星，只有在夜晚的时候才能在天空中看见其他的恒星。恒星全部是气体星球。晴朗无月的夜空，在无光污染的地区，一般人用肉眼可以看到大约 6 000 多颗恒星。通过望远镜观察，则能够看到几十万甚至是几百万颗恒星。银河系中的恒星有 1 500 亿 ~2 000 亿颗。

图 4－1　数以百万计的恒星聚集在一起

4.1.1　星座和星名

恒星是星系的主体，晴朗的夜晚放眼天空，看到的无数亮点基本上都是恒星。许多古代文明都有专门的人来记录恒星在天空中的位置。恒星在天空中的固定不变的位置能帮助人感知自己生存世界的变化，因而古代人借助星象来推算历法，预知寒暑，到今天，遥远恒星的位置依旧是精确判断时间的依据。

所谓恒星，从字面上看来，即永恒不动之星。古人受科学水平的限制，一直认为恒星的相对位置是不动的，为了和运动比较明显的行星区别开来，把它们称为恒星。18 世纪以来，研究证明，恒星也在不断地运动，不过由于距离我们太远，它们的位置改变短期间内不易觉察，以致看上去它们之间的相对位置大致是固定的。但经过长时期的观测，可以发现恒星的排列形状就大不相同了。

肉眼可见全天球约有 6 000 颗恒星，用望远镜可看到千千万万颗。它们与我们之间的距离差别很大，但我们却分辨不出来，远近似乎都是一样的，都镶在天球的内层上（实际上天球是不存在的）。

古巴比伦人把一些最显著的恒星分出来，冠以特殊的名称，这就是早期星座的萌芽。古希腊和古罗马人为了体现恒星间的相互排列位置而将它们分群并赋予神话中的神、人、动物及器物等名称，这些名称基本沿用至今。2 世纪时已将北天星座的名称大体确定，共分为 48 个星座。南天星座的划分方法是根据以往的方法沿袭下来的，这部分星座在 17 世纪的环球航行中逐渐确定下来。

1928 年，国际天文学联合会通过决议，将全天球的恒星按照几何图形划分成 88 个区域，称这些区域为星座。星座之间按赤经、赤纬坐标线来划分。这些星座以古希腊星座为蓝本，人们可根据每个星座的独特形状来辨认恒星。我国古代把星座称之为“星官”。据考证，我国划分星空的历史可追溯到周朝以前，司马迁著的《史记·天宫书》是最早系统地描述全天星官的著作，书中已有三垣二十八宿等划分星空的记载。

我国古代把北天球的恒星划分为三垣——紫微垣（包括北极附近的天区）、太微垣（包括室女、后发、狮子等星座的一部分）、天市垣（包括蛇夫、武仙、巨蛇、天鹰等星座的一部分），又把日、月、五星（金、木、水、火、土）在天空运动路径附近的恒星划分成四象——苍龙、玄武、白虎、朱雀；每象再划分七个小区域叫作星宿，共有二十八宿——角、亢、氐、房、心、尾、箕；斗、牛、女、虚、危、室、壁；奎、娄、胃、昴、毕、觜、参；井、鬼、柳、星、张、翼、轸。此外还给一些亮星起了专门的名称，如牛郎、织女、天狼等。我国古代人民以自己的意识形态观念为恒星命名和区分，有鲜明的独特性。

4.1.2 恒星的特征

恒星的一切包括本质特征几乎都取决于它最初的质量，例如光度和大小，还有演变、寿命和最终的命运。

（1）光谱、颜色和温度

恒星自身能发出光线或者其他形式的辐射，因为它们离地球都很远，所以最终抵达地球的光就很微弱，普通人凭借肉眼能分辨的恒星不足万颗，但借助收集光线能力极强的望远镜，人类已经能辨认出百万颗恒星。实际上恒星的数目远不止如此，光银河系的恒星可能就有千亿颗。

绝大多数恒星都由电离气体，也就是等离子体构成，这些等离子体进行着不同类型的核反应，这些气体可以是核反应的原材料，也可以是核反应的产出物。恒星在其一生中的大多数时间内进行的核反应是将小的原子合成为质量稍大的原子，比如将氢原子合成为氦原子。这个反应中氢原子是原材料，氦原子就是产出物，氢消耗完以后，氦就会转变角色，作为原材料在新的核反应中合成为更重的碳原子。可以说绝大多数较重的原子都是在恒星中形成的。

通过光谱分析的方法，不但能研究出天体的化学成分，而且能了解天体的许多物理性质。人类对宇宙的认识就是依赖科学实践的不断提高，从而证实人类的认识能力是无限的。用摄谱仪可以测得太阳的光谱是连续光谱和吸收线组成的吸收光谱。恒星的光谱和太阳一样也是吸收光谱，但不同的恒星具有不同的光谱，有的红光强，有的蓝光强；有的吸收线多，有的吸收线少。为什么恒星的光谱不相同呢？研究表明，这是因为恒星的温度、压力、密度、化学成分、电场、磁场等互不相同。因此通过对恒星的光谱研究，可以获得大量有关恒星的知识。

尽管恒星的光谱千差万别，但仍具有一定的规律性。在观测中，人们发现颜色相同的恒星的光谱大致相同，颜色不同的恒星的光谱不相同。根据对大量有关恒星光谱的研究，可以把它们划分为七种主要类型：O 型、B 型、A 型、F 型、G 型、K 型、M 型。其中，高温的 O、B、A 型星质量最大，发光的本领强，发出的光呈蓝白色，电离氢、氦谱线较强；温度中等的 F、G 型星，质量和发光的本领皆居中，发出的光呈黄色，除氢谱线外还有钙的谱线；低温的 K、M 型星质量小，发光本领弱，发出的光呈红色，光谱中主要是一些最容易激发的金属原子谱线及分子带。太阳就是一颗 G 型的黄星。

我们有这样的常识：蓝白色的火焰温度高，红色的火焰温度低。天上的星星也是如此，它们的不同颜色代表表面温度的不同。一般说来，蓝色恒星表面温度在 10 000 K 以上，如参宿七、水委一和轩辕十四等。白色恒星表面温度在 11 500 ~ 7 700 K，如天狼星、织女星、牛郎星、北落师门和天津四等。黄色恒星表面温度在 5 000 ~ 6 000 K，如太阳、五车二和南门二等。红色恒星表面温度在 2 600 ~ 3 600 K，如参宿四和心宿二等。L 型矮星的表面温度在 1 500 ~ 2 000 K。

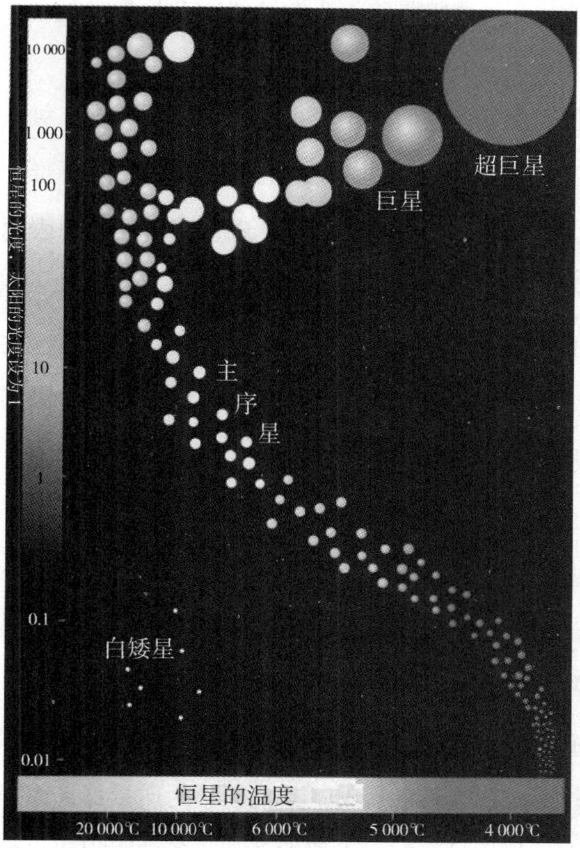

图 4-2　恒星的光谱类型与光度关系图

（2）恒星的化学组成

研究证明，恒星在化学组成上和太阳差不多，氢元素占的百分比最大，其次为氦。氢和氦一共占 98%，其他重元素共占 2%。

以质量来计算，恒星形成时的比例大约是 70% 的氢和 28% 的氦，还有少量的其他重元素。因为铁是很普通的元素，而且谱线很容易测量，因此典型的重元素测量是测量恒星大气层内铁含量。由于分子云的重元素丰度是稳定的，只有经过超新星爆炸才会增加，因此测量恒星的化学成分可以推断它的年龄。重元素的成分或许也可以显示其是否有行星系统。

已测量的恒星中含铁量最低的是矮星 HE1327－2326，铁的丰度只有太阳的二十万分之一。金属量较高的是狮子座 μ，铁的丰度是太阳的一倍，而另一颗有行星的武仙座 14 则几乎是太阳的三倍。也有些化学元素与众不同的特殊恒星，它们的谱线中有某些元素的吸收线，比如铬和稀土元素。

（3）恒星的大小

由于恒星离我们太远，它们的角直径太小，不易测量。对一些角直径较大的恒星可利用干涉仪来测量。若恒星的距离已知，其大小就不难计算了。离我们较远的恒星的大小，要采用其他方法来推导。现代测量的结果表明，恒星的大小相差很大，有的恒星的直径比太阳大几百倍，甚至上千倍，如天蝎α星（心宿二）的直径约为太阳的600倍；参宿四的直径约为太阳的650倍，大约9亿千米，但是密度比太阳低很多。有的恒星的直径比太阳小得多，只有太阳的几分之一到几百分之一，甚至更小。天狼星伴星的直径为太阳的1/30。中子星的直径只有20～40千米。太阳的大小在恒星中处于中等。

（4）恒星的质量

恒星的质量是研究恒星演化最重要的一个物理量。测定恒星的质量是天文学中的一个难题，除了太阳外，只能对某些双星的质量进行测量，双星中的主伴两星均绕其质量中心做椭圆轨道运动，通过测量它们的运动周期和轨道半长径，应用开普勒第三定律可求出它们的质量。其他恒星的质量都是用间接方法推算出来的。在测定出很多恒星质量之后，人们发现了一条重要规律：恒星质量愈大，其光度也愈强，这称为质量－光度关系，简称质光关系。根据这个关系可以近似定出单个恒星的质量，但是必须是主星序的恒星，对变星不适用。如B型恒星质量为太阳的16倍，A型为太阳的4倍，F型为太阳的1.5倍，G型同太阳相等，K型为太阳的0.8倍，M型则为太阳的0.5倍。可见恒星的大小虽然差异悬殊，但质量是决定恒星性质的基本因素。如果一个星体的质量小于太阳质量的7%，由收缩产生的温压不足以发生热核反应，不能发光，也就不能成为一颗恒星，只能成为像行星那样不能产生可见光的天体。若一个星体的质量达到120个太阳的质量，在这个转折点上，由于温压过高，中心产生激烈的核反应，过强的辐射就会导致爆炸。这是量变到质变的很好例证。

大多数恒星的质量在0.08～65倍太阳质量之间。质量超过65倍太阳质量时，星体是不稳定的，激烈的爆发会导致其质量大幅减小。总的来说，恒星在广度和直径方面的差别很大，但质量的差别却不是很悬殊。

太阳重近2 000亿亿亿吨（2×10^{27}吨），是地球质量的33万倍。太阳的寿命长达100亿年。它已走过了50亿年，现在剩下的燃料还足够燃烧50亿年。

对于恒星，是不是恒星越大，燃料越多，寿命就越长呢？不是，恰恰相反，恒星质量越大，寿命越短。对此，人们举例来说明这个问题。

除太阳之外，距离我们最近的恒星为半人马座的比邻星。该星的直径只有太阳的1/7，亮度只有太阳的千分之一，视星等只有11等，表面温度只有太阳的1/3，仅2 000 ℃。但是，它的寿命却达到太阳的7倍，长达700多亿年。而比比邻星更小的恒星，其寿命还要长。某些小恒星的寿命最长可达到1 500亿年。

恒星的质量也有限制。据计算，如果一颗恒星的质量小于0.07倍太阳质量，它便失去了作为恒星的资格。但是，如果一颗恒星的质量大于160倍太阳质量，那么，这颗恒星在还没有形成的时候，就毁灭了。

世界各国天文台都发现了许多质量大于400倍太阳质量的天体。这些天体也可能是疑似恒星的天体。这些天体如何演变，尚有待进一步的观测和研究。

（5）恒星的密度

知道了恒星的大小和质量，就可以计算出恒星的平均密度。恒星的质量差别不大，而体积却相差悬殊，所以恒星的平均密度就相差极大。有的恒星密度很小，约为水的0.6%；有的恒星密度很大，而中子星的密度更是大得惊人。比如，太阳的平均密度为1 400千克/米^3，在恒星中处于中等；红超巨星参宿四的平均密度为10^{-4}千克/米^3；又如心宿二这颗红巨星，其平均密度大约只有太阳的10^{-7}，比地球表面空气密度的0.1%还要小。中子星的密度很大，可高达10^{20}千克/米^3。

4.1.3 恒星的运动

中文中的“恒”字，有“持久不变”的意思。古人之所以称“恒星”，正是因为他们认为这一类星星在位置和亮度方面没有或极少变化。恒星的位置真的永远不变吗？现代天文学已经知道，恒星都处于不停的运动之中，只是由于距离遥远，住在地球上的人类很难观察到它们的运动。

中国唐代著名天文学家张遂（僧一行），是历史记载中最早观测到恒星运动的人之一。他在 724 ~ 725 年组织的一次规模宏大的恒星位置测定工作中，发现了恒星人马座 ξ1（古称“建星”）的位置与古代的记录不一致，从而发现了这颗恒星的位置移动。

到了比张遂晚了几乎整整一千年的 1718 年，英国天文学家哈雷发现，他所观测到的 4 颗最亮恒星的位置，即大犬 α、金牛 α、牧夫 α 和猎户 α 的位置，与古代天文学家喜帕恰斯和托勒密的观测记录很不一致。经过排除各种可能的误差和谨慎的分析，哈雷指出可能所有的恒星都有其自己的运动。

由于恒星可能在空间中的任意方向上运动，为了研究的方便，天文学家把恒星的运动分解为我们平行视线方向和与垂直视线方向两个分量。其中，平行于视线方向的分量不能直接观察，而垂直于视线方向的分量原则上可以直接观察。假定在一段时间间隔前后两次观测同一颗恒星，如果有可以观测到的位置移动的话，两次观测的视线方向就会略有不同，从而有一个小的夹角。这一角度就来自恒星运动垂直于视线方向的分量。用角度的大小除以这段时间间隔，得到的商就被称为恒星的“自行”。由于这一角度非常之小，恒星自行通常用角秒/年来表示（1 角秒等于 1 度的 1/3600）。由于恒星距我们太遥远了，恒星自行在我们看来非常缓慢，通常要用间隔几十年甚至上百年对同一恒星的观测资料，才能得到不等于零的恒星自行值。

经过一代代天文学家们的辛勤工作，现在已经观测到近 30 万颗恒星的自行。由于恒星自行的存在，在漫长的历史岁月中，恒星的相对位置要发生变化。英国天文学家赫歇尔在 1783 年曾致力于研究恒星的自行。他发现，大犬 α（天狼）、小犬 α（南河三）、双子 α（北河二）、双子 β（北河三）、天鹰 α（河鼓二）、狮子 α（轩辕十四）和牧夫 α（大角）这些著名的亮星，似乎都在沿着以武仙座内的一点为中心而散开的方向运动着。这一事实提醒天文学家得出这样的推断：太阳正在携带着它的“家族”成员等朝着武仙座运动。这就像你坐在一辆在大平原上高速奔驰的汽车上，会看到远处的房屋、树木等似乎正在从你的正前方朝两边飞快地散开。武仙座内的这一点就叫作太阳的“向点”。向点在天球上的坐标是 α（赤经）= 18 时 28 分，δ（赤纬）= +30 度。现在已经知道，太阳朝着向点运动的速度是 19.7 千米/秒，每年前进的距离约是 6 亿千米。

除了上述的运动之外，太阳是属于银河系的一颗恒星，由于银河系的自转，太阳还在围绕着银河系的中心运动。太阳在银河系轨道上的运动速度约为 250 千米/秒（这比朝向点运动的速度要大得多），而其运动周期是约 2 亿年。

关于恒星运动的视线方向水平分量，由于它是与我们视线的方向相平行的，所以不能直接观测出来。但是，却可以用测量恒星光谱的“多普勒移动”方法来确定其运动状态。

4.2 恒星的演变

天体的起源、地球的起源、生命的起源和人类的起源合称为四大起源。银河系中有上千亿颗恒星。每一个河外星云就是一个恒星系，都是由几百万至几千亿个恒星组成的。因此，宇宙中恒星的数目是无限多的。现在天文观测已证明新的恒星不断诞生，老的衰亡转化成非恒星的物质。“一切天体都处在永久的产生和消灭中，处于不间断的流动中，处于无休止的运动和变化中……”

关于恒星的起源有两种看法：一种认为恒星是由某种超密态的巨大“星胎”爆发诞生的；另一种认为恒星是由稀薄的弥漫物质——星云逐渐收缩凝聚而成的。近年来恒星由星云转化而来的观点已被广泛地接受，一些观测资料也提供了证据。例如在一些亮星云的背景上发现暗圆斑，密度介于星云和恒星之间，成为球状体。人们还发现一种名叫赫比格－阿罗的天体，它是云状物质裹着一个类似恒星的核，是似云非云，似星非星的天体。这个天体就是由星云过渡为恒星的形态。

4.2.1 恒星的一生

恩格斯在《自然辩证法》中指出：“一切运动的基本形式都是接近和分离，收缩和膨胀。一句话，吸引和排斥这一古老的两极对立。”热是排斥的一种形态，引力收缩是吸引的一种形式。这就是说，排斥占优势的时候是能量的逸散，而吸引占优势的时候是能量的集中。按照恒星内部的吸引和排斥（表现出来的收缩和膨胀）的情况，可以把恒星的演化划分为以下四个阶段。

（1）幼年期——引力收缩阶段

图 4－3　艺术家眼中的恒星

星际空间中普遍存在着极其稀薄的物质，主要由气体和尘埃构成。它们的温度约 10～100 K，密度约 10^{-24}～10^{-23}克/厘米^3，相当于 1 立方厘米中有 1～10 个氢原子。星际物质在空间的分布并不是均匀的，通常是成块地出现，形成弥漫的星云。星云里 3/4 的物质是氢，处于电中性或电离态，其余约 1/4 是氦以及极少数比氦更重的元素。在星云的某些区域还存在气态化合物分子，如氢分子、一氧化碳分子等。如果星云里包含的物质足够多，那么它在动力学上就是不稳定的。在外界扰动的影响下，这样的星云由于自身引力作用，各部分互相吸引而收缩。在这一阶段中，吸引胜过排斥，引力收缩成为恒星的主要能源。在收缩过程中引力位能转化为热能，一部分向外辐射损耗掉，另一部分则使恒星内部温度升高。中性氢云演化成电离氢云，经过恒星胚胎阶段，然后辐射红外线形成肉眼看不见的红外星。当中心温度达 700 万摄氏度以上时，氢聚变成氦的热核反应使辐射加强，排斥因素增长，恒星停止收缩进入新的稳定阶段。一个正常的恒星——主序星便形成了。质量小的星云收缩形成单个恒星；质量大的星云的碎裂收缩，形成几个、几十个或成千上万个星，以后演化成双星、聚星和星团。

（2）壮年期——主序星阶段

恒星以内部氢核聚变为主要能源的发展阶段就是恒星的主序阶段，处于主序阶段的恒星称为主序星。主序阶段是恒星的青壮年期，恒星在这一阶段停留的时间占整个寿命的90%以上。在主序阶段，恒星主要靠氢核聚变为氦核维持其存在和发展。因为恒星主要由氢元素组成，氢氦聚变的过程相对而言比较缓慢。此时恒星向外膨胀和向内收缩的两种力大致平衡，恒星基本上不收缩也不膨胀，处于流体静力平衡的相对稳定阶段。恒星停留在主序阶段的时间随着质量的不同而相差很多。质量越大，光度越大，能量消耗也越快，停留在主序阶段的时间就越短。例如：质量等于太阳质量的15倍、5倍、1倍、0.2倍的恒星，处于主序阶段的时间分别为1 000万年、7 000万年、100亿年和10 000亿年。

目前的太阳也是一颗主序星。太阳现在的年龄为46亿多年，它的主序阶段已过去了约一半的时间，还要50亿年才会到另一个演化阶段。与其他恒星相比，太阳的质量、温度和光度都大概居中，是一颗相当典型的主序星。主序星的很多性质可以从研究太阳得出，恒星研究的某些结果也可以用来了解太阳的某些性质。

（3）中年期——红巨星阶段

由于恒星的温度和密度越向中心越大，因此由氢核聚变为氦核的热核反应在中心区进行得最快。中心区的氢用到一定程度，就转为同温氦核核心，而它的外围，氢氦热核反应继续进行。当中心区占总质量12%的氢用完时，恒星内部排斥和吸引的相对平衡和稳定就破坏了，又产生新的矛盾。这时内部因辐射而产生的向外压力变弱，顶不住外层的压力，内部便开始收缩。因收缩而释放出来的一部分能量使恒星的外壳急剧膨胀，变成体积大、密度小、表面温度低但总亮度大的红巨星。太阳将来也会演变成红巨星，其直径将扩大到现在的250倍，把地球的轨道都包括进去。恒星内部收缩，部分位能转化成热能，当中心温度达到一亿摄氏度以上时，就产生新的热核反应，三个氦原子核聚变为一个碳原子核。

恒星中心区域在反复变化过程中温度越来越高，产生更重的化学元素氮、氧、氖、钙、钠、镁、硅、铁等。最后，当内部温度达到60亿摄氏度时，产生极强的中微子辐射，把大量能量带走，相对平衡再度破坏。质量大的恒星往往采取爆发的形式冲破外壳，发生大爆炸，这时恒星的光度突然增加几万倍到几亿倍，成为新星或超新星。

图4-4 红巨星吞噬行星（想象图）

（4）晚年期——白矮星、中子星和黑洞阶段

恒星演化的末期将出现三类天体：白矮星、中子星和黑洞。质量小于1.44倍太阳质量的恒星演化到新星爆炸，把外层物质大量抛射，最后剩下一个密实的核。这样，红巨星就演变成体积小、密度大、光度小的白矮星。此时核能枯竭，恒星靠引力收缩来苟延残喘，最后剩下一堆残骸或完全崩溃为弥漫物质。天狼星的伴星就是一颗白矮星，密度为780千克/厘米^3。现在已发现1 000个以上的白矮星，它们都是质量小于1.44倍太阳质量的恒星，达到了临终期的形态。至于质量为1.44~2倍太阳质量的恒星演化到超新星爆发后，外部物质爆炸出去，形成星云状物质，内部急剧坍缩形成超高密度的中子星。至于质量超过2倍太阳质量以上的恒星在核能耗尽后，平衡状态不复存在，猛烈地坍缩形成密度更大、引力场强到使一切辐射都出不来的黑暗区域，叫作坍缩星或黑洞。这是质量大于2倍太阳质量以上的恒星的临终期。这种超高温超高密度的天体虽然看不见，但根据它和其他临近天体以及弥漫物质产生的相互作用，可以证实它的存在。临终期的恒星再缓慢地演变或再通过爆炸的形式最后转化成非恒星物质，结束了一生。

经辐射及爆炸抛出去的物质形成了新的星际物质，它是星云的原材料，或直接成为弥漫星云。星云密度足够大时，重新凝聚收缩再演化为恒星，这就形成了宇宙永远不息的循环。但我们决不能把天体的生死转化看成是千篇一律的简单循环，它们是螺旋式向前发展的。第一代恒星主要是由氢组成，经过一系列的热核聚变反应产生了各种重元素。这些元素随着恒星演化后期经爆炸而散布在宇宙空间，成为第二代恒星的原材料，所以第二代恒星除了氢元素外还含有其他重元素。太阳是由六十多种元素组成的，属于银河系中的第二代恒星。

像太阳这般中等质量的恒星在主星序逗留约100亿年后，将演化成红巨星。在这一阶段，外层因膨胀温度较低，星核却因收缩导致中心温度较高，产生更重元素的热核反应。此时，太阳可能发生轻微的脉动成为一颗不规则变星。最后，外壳崩溃，剩下一颗密度很高的星核，于是太阳便由红巨星变成临终期的白矮星了。

4.2.2 恒星的归宿

恒星的质量不同，最终的结局也不同。当主序星中心区的氢燃烧完毕时，热核反应的速率立即剧减，中心区的引力与辐射压的平衡被打破，引力占据了上风。这时中心核开始收缩，并逐渐变热、变稠密，同时外层得到核心收缩释放的能量剧烈膨胀，变成了红巨星。

表4-1 恒星质量和寿命对照表

恒星质量（以太阳质量为单位）	寿命
0.1	1 000 亿年
0.5	500 亿年
1	100 亿年
2	60 亿年
5	30 亿年
10	10 亿年
20	5 亿年
60	7 000 万年
100	400 万年
120	270 万年

质量小的恒星（小于0.5倍太阳质量）会耗尽燃料形成红矮星，在核心的反应终止之后，红矮星逐渐暗淡下去。

质量中等的恒星（0.5~3.4倍太阳质量）的外壳向外膨胀，核心向内压缩变成红巨星，它把外层抛射出去形成行星状星云，中心留下的核心逐渐冷却成为白矮星，最后渐渐失去光亮，变成一颗黑矮星。

质量大的恒星（大于3.4倍太阳质量）的外壳膨胀，核心被引力压缩成为红超巨星，接着发生超新星爆发，核心灾难性的大坍缩，外壳物质被抛向四面八方，核心最终形成致密星。

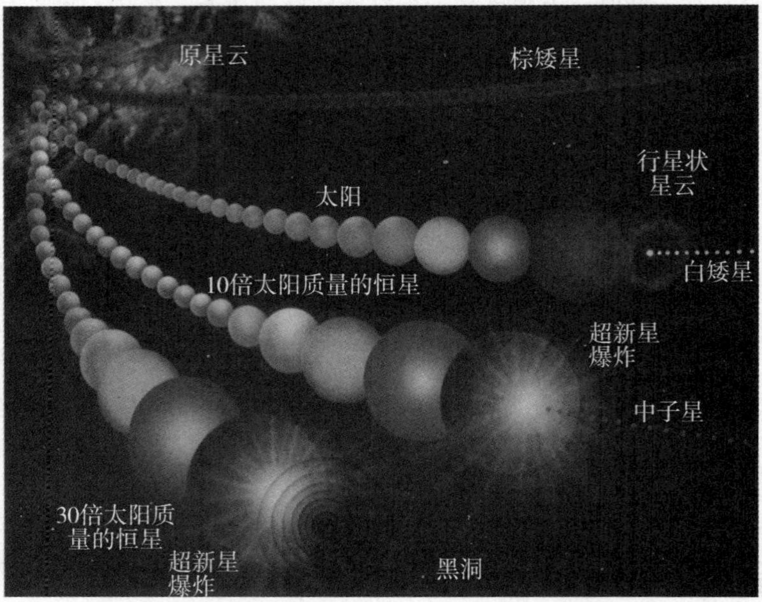

图4-5 不同质量恒星的演化

4.3 个性恒星

4.3.1 联星系统

联星又被称为双星，是两颗恒星各自在轨道上环绕着共同质量中心的恒星系统，较亮的一颗称为主星，而另一颗称为伴星、伴随者或是第二星。从19世纪初到现在的研究显示，大多数的恒星不是联星就是超过两颗以上恒星组成的多星系统。双星这个名词可以当成联星的同义词来用，但一般而言，双星可以是联星，也可以是没有物理关联性，只是看上去是在一起的光学双星。双星如果有不同的自行、径向速度或视差，从测量尚可以显示与地球有足够的不同距离，就可以确认是光学双星。许多双星都还未能确认是互相约束的联星系统或是光学双星。

联星在天文物理学上是非常重要的，因为可以从它们的轨道直接推导出质量的成分，从而推导出恒星的其他参数，如半径和密度。还可以依据质－光关系（MLR），估计恒星的质量。

图 4－6　哈勃太空望远镜拍摄的天狼星双星系统，在左下方可以清楚地看见天狼伴星（天狼 β）

如果联星成员的距离够近，其引力足以引起外层大气的扭曲。在这样的情形下，这些双星系统的质量会互换，这或许会带动恒星演化达到单独的恒星不能达到的阶段。这种联星的例子如大陵五、天狼星和天鹅座 X－1（它的成员之一可能是黑洞）。联星通常也是许多行星状星云的核心和新星与 Ia 超新星的始作俑者。

4.3.2　多星系统

夜空中我们所能看到的恒星有 1/3 以上身处多星系统，即有两颗或更多的恒星组成的系统。当你站在围绕这些恒星旋转的行星上时，你会一连看到几次日落，就像电影《星球大战》中天行者卢克的故乡“塔图因”行星一样，天空中有两个巨大的“太阳”。当恒星在猎户座星云这样的星云中形成时，在密度较高的地方，新生的恒星可能靠得很近。实际上，其中一些恒星离得太近了，于是引力就将它们紧紧地锁在一起永不分开，这样它们就组成了一个紧密的“家庭”。天琴座β是一个非常奇特的双星系统，两颗星离得非常近，相距不足4 800万千米，比水星和太阳之间的距离还要近，它们之间甚至通过大气层交换气体和尘埃物质。当不断运动的气流从一颗恒星流向另一颗恒星时，其中一些物质被丢在外面，形成了一个不断加宽、螺旋状的尘埃环，环绕着两颗恒星。

4.3.3 变星

变星是指亮度与电磁辐射不稳定的，并且伴随着其他物理变化的恒星。多数恒星在亮度上几乎都是固定的，以太阳来说，太阳的亮度在11年的太阳周期中，只有0.1%的变化。然而有许多恒星的亮度却有显著的变化，这就是我们所说的变星。变星分为本质变星和外因变星，其中本质变星是指恒星的亮度由于星球自身的物理特性所改变，外因变星是指恒星的变化是由外在的物体造成的。

（1）赋予生命的恒星

米拉（鲸鱼座O）是一颗处于生命晚年的红巨星。它是一颗变星，像心脏一样跳动，只不过每331天才跳动一次。在此期间，它的直径会从太阳直径的400倍膨胀到500倍。事实上，米拉是我们夜空中最亮的一颗变星，也是人们研究最多的变星。它跑得很快，以每小时48万千米的速度在鲸鱼座中飞驰。不过，米拉还有更为惊人的一面——它拖着一条长达13光年的彗星状尾巴，尾巴的长度相当于冥王星到太阳距离的20 000倍，长度超过1.2×10^{14}千米。米拉尾巴扫过的地方会留下复杂化学元素的印迹，我们肌肉中的碳元素和我们呼吸的氧气都来源于像米拉这样的红巨星。米拉像一位默默工作的播种者，在宇宙中播下气体和尘埃的种子，也许有一天这些种子会长成新的恒星和行星。

（2）食星

晴朗的夜晚仰望星空时，你或许能看到英仙座的珀耳修斯用手臂“抓着”蛇发女妖美杜莎的头。不过话又说回来，除非你是古希腊人，否则可能完全体会不到其中的含义。尽管如此，你仍然可以看到那颗恒星，古希腊诗人认为它是美杜

图 4-7 船底座星云中的变星船底座 η

莎的头颅。这颗恒星的中文名字叫作大陵五，距离地球 94 光年，国外称它为“恶魔之星”，意思是眨着眼睛的恶魔。大陵五是一个三星系统，其中两颗恒星的距离非常近，而第三颗恒星距离较远。距离很近的两颗恒星互绕旋转，每隔三天，较暗的那颗恒星会掩食（遮掩）一次较亮的恒星。掩食发生的时候，我们从地球上看大陵五会比平时暗一些。当两颗星分开之后，大陵五看起来又比较明亮了。如果你在像撒哈拉沙漠这样开阔的地方观测大陵五的话，你会发现每过三天，大陵五都会从一颗非常明亮的星星变成一颗几乎看不到的暗星。你觉得这像不像一个怪物在用邪恶的眼睛盯着你看呢？在许多古代传说中，这颗忽明忽暗的恒星被认为是不祥之兆，被称为食人魔、恶魔、鬼魂、食尸鬼和魔鬼头等。

4.3.4 容星——超新星

公元 1054 年 7 月 4 日，东方天空中突然出现了一颗非常明亮的星星，它光芒四射，连金星都不能与之相媲美。23 天后，这颗星星开始变暗，但用肉眼仍能看到，一直过了大约两年的时间，它才从人们的视线中消失。这颗神秘的星星就像一位太空游客，来也匆匆，去也匆匆，于是，我国宋朝的天文学家称它为容星。

到了 18 世纪，一位英国人用望远镜观测天空的时候，在容星出现过的位置上看到了一团模糊的气体云，样子活像一只张牙舞爪的螃蟹，于是人们给它取了一个名字叫作“蟹状星云”。天文学家经过考证认为，容星的出现就是超新星爆发，而蟹状星云就是超新星爆发时抛射出来的气体云。

超新星是某些恒星在演化接近末期时经历的一种剧烈爆炸。这种爆炸极其明亮，过程中发出的电磁辐射经常能够照亮其所在的整个星系，并可持续几周至几个月才会逐渐衰减变为不可见。在这段期间内，一颗超新星所辐射的能量可以与太阳在其一生中辐射能量的总和相媲美。恒星通过爆炸会将其大部分甚至几乎所有物质以高至1/10光速的速度向外抛散，并向周围的星际物质辐射激波。这种激波会导致形成一个膨胀的气体和尘埃构成的壳状结构，这被称为超新星遗迹。

图4－8　超新星爆发

已知存在的超新星有几种不同类型，但其形成机制，一种是通过核聚变产生能量的过程终止或突然启动。当一个衰老的大质量恒星核无法再通过热核反应产生能量时，它有可能会通过引力坍缩的过程坍缩为一个中子星或黑洞。引力坍缩所释放的引力势能会加热并驱散恒星的外层物质。另一种形成机制是一颗白矮星可能会从其伴星那里获取并积累物质（通常是通过吸积，少数通过并合）从而提升内核的温度，以至能够将碳元素点燃并由此导致热失控下的核聚变，最终将恒星完全摧毁。当质量超过钱德拉塞卡极限（约为1.44倍太阳质量）的恒星内部的核聚变炉无法提供足够的能量时，恒星将走向坍缩；而当吸积过程中的白矮星质量达到这一极限时，它们将会因质量过高而烧毁。需要注意的是，白矮星还会通过碳氮氧循环在其表面形成一种与上述有所不同的、并且规模小很多的热核爆炸。一般认为质量小于9倍太阳质量的恒星在经历引力坍缩的过程后是无法形成超新星的。

根据估算，在如银河系大小的星系中，超新星爆发的概率约为50年一次，它们在为星际物质提供丰富的重元素中起到了重要作用。同时，超新星爆发产生的激波也会压缩附近的星际云，这是新的恒星诞生的重要启动机制。

4.3.5 特超巨星

从超大号快餐到巨型卡车，如今大家似乎都喜欢体积大的东西。因此，我们对特超巨星大犬座VY非常感兴趣，它是银河系中已知最大的恒星。恒星在生命的最后阶段会变成红巨星，那时它的体积会膨胀到先前的几百倍，并变为橙红色。大犬座VY是一颗超大号的红巨星，几乎可以装下100万个太阳。假如我们把它和太阳调换一下位置，那么它的直径将超过土星的轨道，在此之内的所有东西，包括木星以及距离太阳更近的其他行星都将化为灰烬。想象一下，在一颗被烤焦的行星上看大犬座VY，它几乎填满了整个天空。大犬座VY距离地球4 900光年，在不到100万年前，它还只是一颗极为少见的、体积庞大的O型星；而现在，它是一颗特大号的红巨星，已经步入生命的晚年；很快，它将耗尽燃料并坍缩，结果是要么产生一次空前壮观的超新星大爆炸，要么成为一个巨型黑洞。

4.3.6 空中灯塔——中子星

中子星是恒星演化到末期，经由引力坍缩发生超新星爆炸之后，可能成为的少数终点之一。恒星在核心的氢、氦、碳等元素在核聚变反应中耗尽，当它们最终转变成铁元素时便无法从核聚变中获得能量。失去热辐射压力支撑的外围物质受重力牵引会急速向核心坠落，有可能导致外壳的动能转化为热能向外爆发产生超新星爆炸，或者根据恒星质量的不同，恒星的内部区域被压缩成白矮星、中子星以至黑洞。在白矮星被压缩成中子星的过程中，恒星遭受剧烈的压缩，使其组成物质中的电子并入质子转化成中子，直径大约只有十余千米，但其1立方厘米的物质便可重达10亿吨。中子里的旋转速度极快，但由于其磁轴和自转轴并不重合，磁场旋转时所产生的无线电波等各种辐射可能会以一明一灭的方式传到地球，有如人眨眼，故又称为脉冲星。当中子星发射电波的部分对着地球时，我们就收到电波；当这部分随着星体的转动而偏转时，我们就收不到电波，这种现象被称为“灯塔效应”，所以中子星有“空中灯塔”的别称。

一颗典型中子星的质量介于太阳质量的1.35～2.1倍，半径在10～20千米之间（质量越大，半径收缩得越小），也就是太阳半径的1/70 000～1/30 000。因此，中子星的密度在$8\times10^{13}\sim2\times10^{15}$克/厘米^{3}之间，此密度大约是原子核的密度。致密恒星的质量低于1.44倍太阳质量，可能形成白矮星，但质量大于奥本海默－沃尔可夫极限（3.2倍太阳质量）的恒星会继续发生引力坍缩，将产生黑洞。

由于中子星保留了母恒星大部分的角动量，但半径只是母恒星极微小的量，转动惯量的减少导致了转速迅速的增加，产生非常高的自转速率，其周期从毫秒脉冲星的1/700到30秒都有。中子星的高密度也使它有强大的表面重力，强度是地球的$2\times10^{11}\sim3\times10^{12}$倍。一颗中子星的逃逸速度在10 000～150 000千米/秒之间，也就是可以达到光速的一半。换言之，物体落至中子星表面，其速度也将达到150 000千米/秒。更具体的说，如果一个普通体重（70千克）的人遇到了中子星，他撞击到中子星表面的能量将相当于2亿吨核弹爆炸的威力（相当于全球最巨大核弹4倍的威力）。

恒星离我们很远，对它的研究是一个困难的问题。我们对恒星的认识几乎都来自于距离我们最近的恒星——太阳。现在的宇宙中拥有无数恒星，但这一时代终将过去。宇宙中有限的氢燃料将在数万亿年后完全耗尽。一旦宇宙中的氢气用尽，新的恒星也就无法形成，慢慢地，宇宙将越变越冷、越变越暗，直到最后一颗恒星燃烧殆尽，整个宇宙将再次陷入黑暗和混沌中。现在是人类生存的最佳时间，此时生命得以延续，恒星得以形成，我们正处于宇宙的黄金时期，我们应该对周围的一切充满感激。

5　太阳系

早已消亡的恒星组成了我们的太阳系、行星以及万物。太阳系只是银河系中再普通不过的一个小星系，但却是我们赖以生存的唯一家园。

有科学家预测，恒星终将死亡。太阳现在处于主序星阶段，正值壮年，还可以稳定地照耀地球50亿年，供给我们光和热，但是太阳终将走向衰亡，地球也终将被毁灭。因此，要想在太阳系外寻找人类新的住所，就必须对我们的太阳系有足够的了解。朝着这个方向前进，躲过宇宙中迎面扑来纷繁多样的各种天体，我们来到了一个浩瀚、雄伟而宁静的地方，这就是太阳系——我们的家园。

如果未来的某一天我们乘坐宇宙飞船在茫茫的宇宙中迷失了方向想找到回家的路，首先要找到银河系，然后才能找到我们所在的太阳系。太阳系只是银河系中再普通不过的一个小星系，它位于银河系的主体——银盘的边缘，距银河系中心约3.3万光年，在银道面以北约26光年，处在银河系第三旋臂——猎户旋臂上。

5.1　太阳系及其构成

5.1.1　太阳系的构成

太阳系是由太阳、大行星及其卫星、小行星、彗星、流星体和星际物质构成的天体系统，它的最大范围可延伸至1光年以外。太阳系的核心是一座巨大的能量站，它就是我们每天都在仰望的伟大奇迹，一颗牢牢控制着其麾下每个成员的恒星——太阳。太阳处于太阳系的中心，其质量占太阳系总质量的99.865%，是

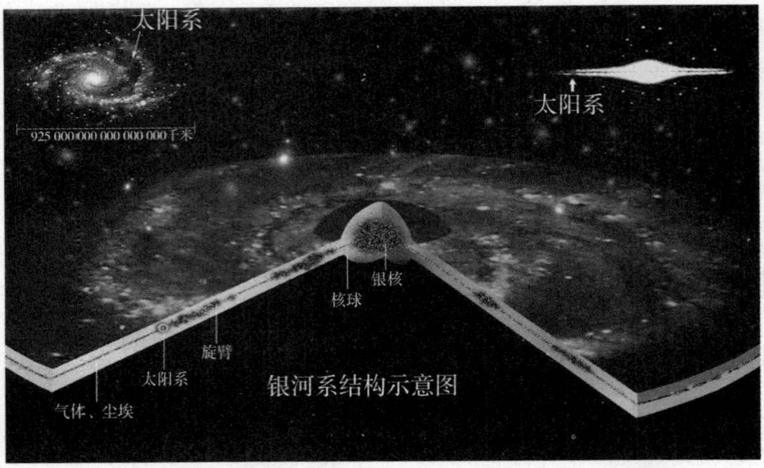

图 5－1　银河系结构示意图

太阳系所有行星质量总和的 745 倍，余下的质量包括行星与它们的卫星、行星环，还有小行星、彗星、柯伊伯带天体、外海王星天体、理论中的奥尔特云、行星间的尘埃、气体和粒子等星际物质。太阳具有一种看不见的终极力量——引力，将整个太阳系紧紧维系，使其他天体都绕其公转。同时，太阳又作为一颗普通恒星，带领它的成员，万古不息地绕银河系的中心运动。

图 5－2　太阳、八大行星和五颗矮行星的相对大小

太阳系中有八大行星，按距离太阳的远近由内向外依次是水星、金星、地球和火星这四颗类地的内行星，四颗充满气体的巨大外行星——木星、土星、天王星和海王星；再远处，是被称为柯伊伯带的充满冰冻小岩石的小天体区；在柯伊伯带之外还有黄道离散盘面和太阳圈，依然属于假设的奥尔特云。按照距日远

近、质量、体积等特征，通常将行星分为三类：①类地行星：离太阳较近的水星、金星、地球、火星，它们的物理性质与地球接近，质量小、密度大，中心有铁核，金属元素比例高；②巨行星：木星和土星，质量大、密度小，主要氢、氦、氖等气体元素组成；③远日行星：离太阳较远的行星，天王星和海王星，质量和密度介于前两者之间，主要由氮、碳、氧及其氢化物组成。八大行星都在接近同一平面的椭圆形轨道上，沿同一方向绕太阳公转，行星的轨道具有共面性、近圆性和同向性。太阳系八大行星参数见表5-1。

表5-1 太阳系八大行星参数

恒星	与太阳距离($\times10^6$ 千米)	赤道半径(千米)	体积(地球1)	质量(地球1)	密度(克/厘米^3)	自转周期	公转周期	表面温度(℃)	自转方向	卫星(个)
水星	57.9	3 439.7	0.054	0.055	5.427	59天(176天)	88天	-173~427	自西向东	0
金星	108.2	6 051.8	0.88	0.815	5.24	243天(东到西)(117天)	225天	420~485	自东向西	0
地球	149.6	6 378.14	1	1	5.515	23小时56分(24小时)	365天	-88~58	自西向东	1
火星	227.9	3 397	0.15	0.107	3.94	24小时37分	687天	-87~-5	自西向东	2
木星	778.4	71 492	1321	317.82	1.33	9小时56分	11.9年	-148	自西向东	63
土星	1 429.4	60 268	763.6	95.16	0.7	10小时39分	29.5年	-178	自西向东	63
天王星	2 870.9	25 559	63.1	14.371	1.3	17小时14分	84年	-216	自西向东	27
海王星	4 498.3	24 764	57.7	17.147	1.76	16小时7分	165年	-214	自西向东	13

注：表中自转周期是相对于恒星而言，为恒星日。如果太阳日的长度与恒星日相差很大，在括号内给出。地球1表示以地球的体积、质量作为1，其他行星的体积、质量以倍数表示。

5.1.2 太阳系的演化

日出日落，云卷云舒，我们的太阳系里一切都显得和谐而有序，八大行星各行其道、互不干扰，它们都围绕太阳有规律的运转。但这种状态并非自古如此，太阳系经历过一段漫长而激烈的演变。我们今天看到的太阳系是早期混沌状态最终的幸存者，在未来，混沌状态还会卷土重来，到那时整个太阳系将会彻底瓦解。在亿万年时间的无涯荒野里，我们幸运地存在于太阳系最美好且安全的阶段，这不得不说是一个奇迹。

为了说明太阳系的起源和形成过程，科学家提出了许多假说，但是，较科学地解释了太阳系起源的是德国哲学家康德和法国数学家拉普拉斯提出的星云假说。这个假说认为，太阳系起源于一团巨大、炽热而又转动着的原始弥漫气体星云，气体云的某一部分可能脱离气团的主体而自发形成一个局部旋涡，假如这种小型旋涡的气体密度达到足够高的程度，它便会在本身引力的作用下自行收缩起来。凡是处于自转而又同时收缩的体系或物体将会越转越快，这是角动量守恒定律的必然结果，就像龙卷风的形成一样。这个现象也可以通过另一个例子来更加形象地说明：一位旋转的花样滑冰运动员，在她开始旋转之初，其双臂是伸开的，但当她将双臂收拢时，她便转得更快了。随着星云缩小，等量的能量在更小的空间内聚集，为了维持相同的动量，必须加快旋转速度，随着星云在自身的重力和旋转更快的情况下开始塌陷，中央区域形成一块稠密的物质，称为原恒星。

假如康德是对的，太阳系在星际气体深处成形，我们人类靠肉眼可能永远也看不到这个过程。蜜雪儿·柴勒博士使用美国国家宇航局斯皮策太空望远镜进行观察，透过斯皮策望远镜观察到尘埃开始聚集的时刻，然后逐渐加温，最后终于出现了年轻的恒星。这回溯的惊鸿一瞥捕捉到了太阳系形成最早期的情形，结果发现，康德的理论基本上正确无误。

从诞生的那一刻起，每一颗恒星都注定会消亡。它的燃料终将全部耗尽，引力将会战胜核聚变产生的力，由此引发一系列足以摧毁恒星的连锁反应。我们的太阳也不例外，太阳的内核每秒都会消耗六亿多吨氢燃料，按这样的速度，太阳的氢能源将在70亿年后燃烧殆尽。当氢气逐渐耗尽时，恒星内部的核聚变反应也开始放慢，引力逐渐占据上风，核聚变反应产生的扩张力不断减小，挤压恒星的引力逐渐凸显，核聚变也会予以回击。于是，恒星的外层不断升温，气体在受热时会膨胀，太阳最终的直径将达到约一亿千米。到那时，我们的太阳将成为一颗红巨星，设想一下70亿年时的日出，你看到的将不再是可爱而有朝气的黄色小圆盘，而是一个红色的巨型圆盘缓慢超越地平线，当太阳完全升上天空时，将向地球散发炽热的能量，地球上的温度将达到数千摄氏度，海水将会沸腾，山峰也将熔化，那将是地球末日来临前最后的美好时光。

太阳在红巨星阶段将逗留几亿年。那么，变成红巨星后的太阳究竟有多大呢？一般认为，它的体积将达到目前体积的1 000万倍，足以膨胀到目前的地球轨道之外。这一阶段的太阳虽然表面温度有所降低，但因其表面积的增加，总光度依然极为惊人，为目前光度的2 000倍以上。这是闪耀了近90亿年的太阳在谢幕前的最后演出。在这场演出中，离太阳最近的“群众演员”水星和金星将相继“殉职”，从太阳系行星行列中除名。

但地球的命运却比较微妙。太阳的“肚子”虽然将膨胀到目前的地球轨道之外，但在这缓慢的膨胀过程中，比目前强劲得多的太阳风将带走大量的太阳物质（整个红巨星阶段被太阳风带走的质量有可能达到太阳总质量的 1/3）。太阳物质的损失将减弱太阳对地球的引力束缚，从而使地球公转轨道缓缓远离太阳。不过，这种远离是否足以使地球躲过烈火焚身的浩劫，学术界尚无定论。大家比较有共识的是：地球似乎恰好踩在自己的生死线上，靠近一点就是死，离远一点则是生。至于究竟是死还是生，仍是个未知数。另外比较有共识的一点是，即便地球能侥幸躲过烈火焚身的浩劫，地球上也将是一个不折不扣的地狱景象：殷红似血的太阳几乎占据整个天幕，2 000 ℃以上的高温从近在咫尺的天空中疯狂地倾泻着热量，地表的很多物质将被熔化，岩浆般的洪流四处流淌，使这个曾经如此多姿多彩的生命乐园变得面目全非。但即便这样的浩劫也很可能只是将最终的毁灭稍稍延后一些而已，因为地球与太阳外层之间的潮汐作用将逐渐消耗地球轨道运动的能量，使地球的轨道逐渐向内缩减，重新投向死神的怀抱。

在吞噬太阳系近日行星的同时，这颗红巨星也在自我毁灭，它的内核变得极不稳定，处境十分危险。当所有氢气都燃烧殆尽后，恒星开始燃烧氦气，它们聚合形成碳，此时的恒星正在由内而外自我毁灭，从内核涌出的能量冲破恒星的表层，这些能量将会剥离恒星的外层，恒星也将完全瓦解，红巨星最终演变成一颗白矮星。在恒星转变成白矮星时，核聚变的过程就停止了，动力引擎也最终停息下来。在太阳即将消亡时，它将变成一颗与地球大小相当的白矮星，但密度约为地球的 100 万倍。白矮星是一种十分惊人的星体，它的密度大得令人难以置信，如果我们取一颗糖块大小的白矮星物质放在地球表面，它会因为密度过大而坠入地心深处。天文学家相信，在白矮星的中心存在着一块硕大的纯碳晶体，也就是一块直径为数千千米的钻石，想到太阳将会变成这样冷漠而黑暗的残余物质，的确有些伤感。但是，天空中将会出现一块数万亿克拉的钻石，一块空中钻石。

5.1.3 太阳及其结构

太阳是一个巨大炽热的气体球，其半径近70万千米（6.96×10^{5}千米），约为地球半径的109倍。太阳的质量约为2×10^{27}吨，相当于地球质量的33万倍。打个比方，太阳如果是个大西瓜的话，那么地球就比小米粒还要小得多。太阳的主要成分是氢和氦，氢约占71%，氦约占27%，其他元素占2%，这些物质均处在物质的第四态——等离子态。

（1）普通而又特殊的恒星

太阳是太阳系的中心天体，但在银河系中却是距地球最近的一颗能够自身发光、发热、属于中等地位的普通恒星。我们在地球上看到的太阳是一个光芒夺目的大火球，视星等为-26.8，可是它的绝对星等却只是4.6。这和我们夜间所看到的许多亮星相比大为逊色。如参宿七的视星等为0.11，但其绝对星等却为-6.4，光度为太阳的33 000倍。光度最强的恒星为太阳的百万倍，光度最暗的恒星只有太阳的百万分之一，所以说太阳在恒星中具有中等的发光本领。

太阳是一颗非常普通的恒星，正当壮年。在广袤浩瀚的繁星世界里，太阳渺小的像地球上的一个沙粒，它的亮度、大小和物质密度都处于中等水平。只是因为它离地球最近，所以看上去是天空中最大最亮的天体。其他恒星离我们都非常遥远，即使是最近的恒星，也比太阳远27万倍，看上去只是一个闪烁的光点。

虽然与宇宙中其他的巨无霸恒星相比，太阳显得微不足道，但对于我们人类而言，它却是至关重要的。太阳辐射的能量是巨大的，尽管只有二十二亿分之一到达地球，但是对于地球和人类的影响却是不可估量的。地球上一切生物分享并消耗掉的能量，归根结底都是来自太阳的辐射能。一切生物的活力，皆由太阳能转换而来；人类从自然界汲取的能量也无一例外地源自太阳。

（2）太阳的构造

太阳从中心向外可分为日核、辐射区、对流区和太阳大气。

1）日核。即太阳的中心部分，也称为核反应区。日核的中心温度在1 500万开以上，物质密度约为1.6×10^{11}千克/米^{3}，中心压强达3 300亿个大气压。日核占太阳半径的15%～25%，集中了太阳质量的一半，太阳发射能量的99%来自这个区域。日核释放的能量是由氢原子核聚变为氦所产生的，每秒钟有6亿吨的氢经过热核聚变反应转变为5.96亿吨的氦，并释放出相当于400万吨氢的能量，此即太阳光的来源。比起太阳的总质量，400万吨只是九牛一毛，按照这样的消耗速度，太阳在50亿年的漫长时间里只消耗了0.03%的质量。根据目前对太阳内部氢含量的估计，太阳至少还能向地球提供50亿年的光和热。

2）辐射区。日核外面一层称为辐射区，其范围为0.25~0.86个太阳半径。与日核相比，这里的温度、密度已急剧下降。据推算，在辐射区的外边缘，温度约为7×10^5开，压强为1.5×10^{11}帕，密度约为18千克/米^3。从核反应区发出的能量开始是以高能γ射线的形式发出，继而是X射线，再往外光子的能量继续减小，变为极紫外线和紫外线。总而言之，辐射区是通过对来自日核的能量极高的光子的吸收、再发射而实现能量传递的。这里的物质每吸收并辐射一次，便使高能光子的频率降低（波长变长）一些，经过无数次的这种吸收、辐射的漫长过程，使高能光子逐渐变为可见光和其他形式的辐射。若没有辐射区物质的作用，太阳将是一个仅发射高能射线的不可见天体。

3）对流区。辐射区的外侧区域，太阳气体呈对流的不稳定状态，称为对流层。其厚度约为14万千米，也有人认为其仅有几万千米。由于这里温度、压力和密度梯度均很大，使物质的径向对流运动强烈。又由于对流运动的非均匀性可产生低频声波——噪声，它可将机械能传输到太阳的外层大气。至今对日核、辐射区和对流区的研究尚处于理论探索阶段，因为上述太阳的内部结构我们无法直接观测到。

4）太阳大气。我们能够直接观测到的是太阳的大气层，像地球的大气层一样，按照不同的高度和不同的性质太阳的大气层可分成各个圈层，从里向外分别是光球、色球和日冕三层。光球是我们平常看到的太阳表面，是太阳大气的最底层，温度约是6000开。光球的表面是气态的，其平均密度只有水的几亿分之一，但由于它的厚度达500千米，所以光球是不透明的，因此我们不能直接看见太阳内部的结构。光球层的大气中存在着激烈的活动，用望远镜可以看到光球表面有许多密密麻麻的斑点状结构，很像一颗颗米粒，称之为米粒组织。它们极不稳定，一般持续时间仅为5~10分钟，其温度要比光球的平均温度高出300~

400 ℃。目前认为这种米粒组织是光球下面气体的剧烈对流造成的。色球位于光球的外围，厚2 000～3 000千米，密度稀薄，光度较低。平时由于光球的强烈光线的影响，看不见这层大气，仅在日全食时，这层大气呈玫瑰色并显示出来，色球的温度随高度上升从底层的几千摄氏度升高到几万摄氏度。色球有突然爆发的现象，我们观察时可以发现特别明亮的斑点，叫作耀斑。日冕是色球之上更为稀薄的太阳最外层大气，可延伸到几倍太阳直径的地方，日冕的温度为 10^6～10^7 开，随高度的增加温度剧增，日全食时出现的一片银白色光辉，就是日冕的形象。由于日冕离太阳远、引力小、温度高、能量大，因而形成脱离太阳引力向外高速度流出的高速电离气体粒子流，这就是太阳风。太阳风的速度很快，5～6天就可到达地球。

图5－3　日全食时所见的日冕

（3）太阳活动

太阳发出的不仅是能养育生命的光和热，也发出能杀戮生命的可怕射线和物质粒子。由红、橙、黄、绿、青、蓝、紫七色光线组成的太阳光只是太阳辐射的一部分，叫作可见光。除可见光外，太阳还发出无线电波、红外线、紫外线、X射线和γ射线等。过量的紫外线、X射线和γ射线都是危及生命的杀手，幸亏地球有大气层保护，把它们挡在大气层外面了。到外层空间去的宇航员，都要穿上特制的宇航服才能避免这些射线的伤害。

太阳大气经常发生大规模的运动，称为太阳活动，表现为黑子、光斑、耀斑、日珥、日冕瞬间变化等现象。太阳活动扰动了太阳系的空间环境，其中最显著的标志是太阳黑子，黑子多的时候，其他活动也会比较频繁。

太阳黑子是指光球不规则的黑色区域，直径约10 000千米，黑子并非绝对的黑，只是由于它比周围区域的温度低大约1 500开而显得黑。黑子实际上是具有强磁场的低于光球温度的旋涡，它持续的时间为几个小时到几个月。太阳黑子很少单独活动，常是成群出现。黑子的数目时多时少，黑子大量出现的期间，称为太阳活动峰年；黑子很少的期间，称为太阳活动谷年。两个峰年之间的平均周期为11年。

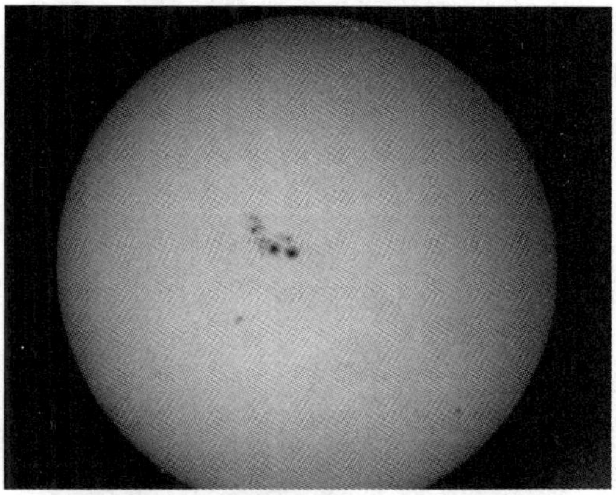

图5－4　太阳黑子

1904年，英国天文学家爱德华·蒙德发现了一幅奇异的景象，记录太阳黑子周期变化的图表竟然呈现出一幅展翅欲飞的蝴蝶图案。蒙德以纬度为纵坐标，以时间（年份）为横坐标，绘出太阳黑子的分布图后，发现渐渐靠近赤道的太阳黑子就像蝴蝶的两只翅膀。如果把几个太阳黑子周期的图案绘制在一起，就组成了一连串翩翩起舞的“蝴蝶”。

太阳黑子活跃时会对地球的磁场和电离层造成干扰，对人们的生活造成很大影响，如指南针不能正确指示方向，动物迷路，无线电通信受到严重影响甚至中断，直接危害飞机、轮船、人造卫星等通信安全。太阳黑子活动对人体健康也有一定危害。在1173～1976年的803年间，地球上发生了56次流行性大感冒，这56次大感冒都出现在太阳黑子活跃的年份，而且在太阳黑子活动高峰期，死于心肌梗死的病人数量也急剧增加。这可能是由于在太阳黑子活动峰年，太阳发射的大量高能粒子流与X射线引起地球磁暴现象导致气候异常，地球上的微生物因此得以大量繁殖，为流行性疾病提供了温床。

有趣的是，一位瑞士天文学家发现，太阳黑子多的时候，气候干燥，农业丰收；黑子少的时候，暴雨成灾。地震工作者发现，太阳黑子数目增多的时候，地球上的地震也多。植物学家发现，植物的生长也随着太阳黑子的出现而呈现 11 年周期的变化，且黑子多的年份生长快，黑子少的年份生长慢。医学工作者则发现，人类白细胞数目的变化也呈现出 11 年的周期。

耀斑是色球的某些区域有时会突然出现大而亮的斑块，又叫作色球爆发。1859 年 9 月 1 日，有两位英国天文学家在观测太阳时，看到一大片新月形的明亮闪光以每秒一百多千米的速度掠过黑子群，然后很快消失了。不久以后，通信中断，地磁台记录到强烈的磁暴，这就是人类第一次观测到的太阳耀斑现象。

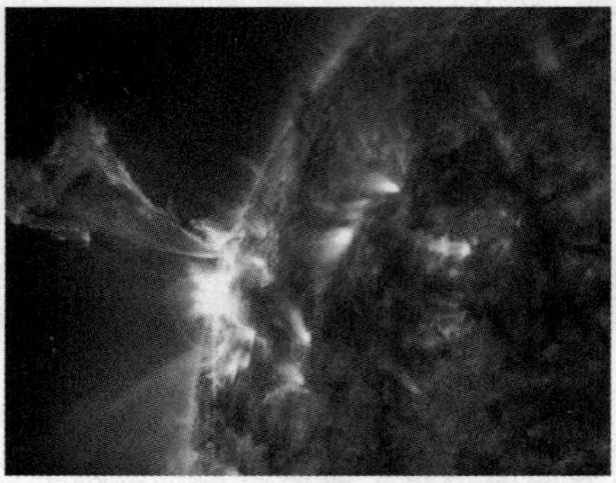

图 5－5　太阳耀斑

耀斑是太阳大气高度集中的能量释放过程，一个大的耀斑可以在几分钟内发出相当于 10 亿颗氢弹爆炸所产生的能量，射出很强的无线电波、紫外线和 X 射线，并抛出大量的高能粒子。耀斑对地球有巨大影响，它对地球上的通信有强烈干扰，也对在太空遨游的宇航员构成致命的威胁。

太阳风是太阳发出的高温、高速、低密度的物质粒子，呈螺旋状轰击地球，也是危及生命的杀手，幸亏地球有磁层保护，才使它们无法接近地球。磁层是由地球磁场形成的，在太阳风的冲击下，顶部总是迎着太阳方向，距地面距离为 5～10 倍地球半径；尾部总是背向太阳，延伸到 100～200 倍地球半径。磁层像拖着尾巴的彗星，随地球公转不断改变位置。磁层像一条防护林带，阻挡着太阳风吹向地球的大部分高能粒子，使地球上的生命免遭伤害。只有极少量粒子穿过磁层屏障，到达两极上空，同电离层中的大气原子和分子碰撞而发出荧光，使地球的两极地区出现独特而美丽的景观——极光。极光千变万化，有时像飘逸天际的云朵，有时候像横空出世的彩虹，更多时候像高悬天宇的巨大帷幕，发出幽幽的蓝绿色的荧光。

图 5-6 美丽的极光

5.2 内太阳系

内太阳系在传统上是四颗类地行星——水星、金星、地球、火星和小行星带区域的总称，主要是由硅酸盐和金属组成。这个区域在靠近太阳的范围内，半径比太阳到木星的距离还短。四颗行星共同的特点是密度很高、由岩石组成、只有少量或没有卫星，也没有环系统。它们由高熔点的矿物如硅酸盐类矿物组成表面固体的地壳、半流质的地幔，由铁、镍构成的金属组成核心。四颗行星中的三颗（金星、地球、火星）有实质的大气层，行星的表面都有撞击坑和地质构造的表面特征（地堑和火山等）。

5.2.1 水星

在远古的时候，人们就注意到天上许多星星的相对位置是恒定不变的。但有5颗亮星却在众星之间不断地移动。因此人们把“动”的星星称为“行星”，“不动”的星星称为“恒星”，并给5颗行星各自起了名字，即水星、金星、火星、木星和土星。在肉眼能看见的这五大行星中，有一颗是最难以捉摸的，因为它离太阳最近，躲藏在强烈的阳光里令人难以一睹它的容貌，它只会短暂地出现在黎明或者黄昏的霞光之中。也正因为如此，在公元前4世纪以前，希腊天文学家甚至认为它是两个不同的天体，一个出现在日出前，一个出现在日落后。一年到头能看见水星的机会只有几次，每一次也就持续几周。就连鼎鼎大名的天文学家哥白尼也因未曾见到过它而遗憾终身，它就是水星。

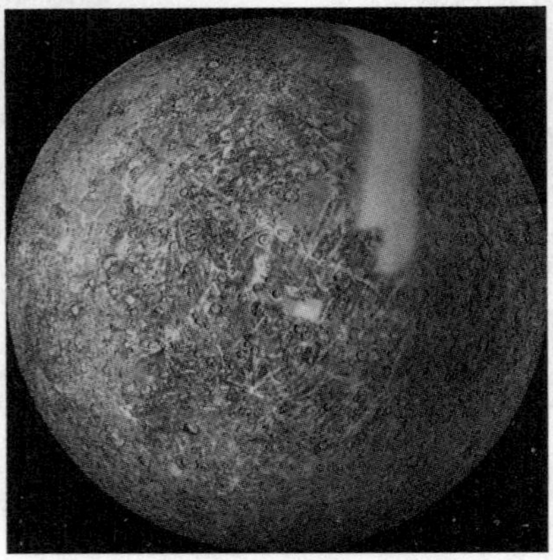

图5-7　水星

（1）水星的特征

按照距日远近，水星在八大行星里排在第一位，是太阳家族的“老大”，但这个老大却是个“武大郎”。水星的直径比地球小60%，地球内部可以放下大约18个水星。但是它的密度却达到5.43克/厘米^3，除了地球之外，比太阳系其他行星的密度都要大。水星与地球类似是一颗岩质行星，它由高密度铁质核心和很薄的地幔与岩石外壳构成。据推算，其铁质核心半径达1 800～1 900千米，而其地幔和地壳加起来只有500～600千米。其内核质量甚至可以占到其总质量的2/3，而相比之下，地球的内核区质量只占地球总质量的1/3。这可能是由于在太阳系早期的狂暴撞击时代，水星曾遭遇严重撞击，导致其失去了密度较低的一部分外壳，从而留下了密度相对较大的铁质内核部分。

由于体积太小，水星没有足够大的引力来留住大气，所以水星上大气很少，只发现了少量气体，其中98%是氦气体，表面气压为10^{-15}个大气压。

水星绕太阳公转仅需88个地球日，比太阳系的其他行星都要快。然而水星本身的自转速度却非常慢，需要59个地球日才能自转一周，这是由于太阳的巨大引力而产生的“潮汐摩擦”作用，减慢了水星的自转周期。水星在自转的同时也在绕着太阳公转，这样一来使得水星的一昼夜长达176个地球日。

因为距离太阳非常近，又缺少大气对太阳辐射的削弱和保温作用，加上缓慢的自转形成了水星上的特殊气候，水星受到太阳光照射的区域非常炽热，特别是受太阳光照射最强的水星赤道附近，这里的温度可以达到430 ℃，如此高的温度能够使铅熔化；而在极地附近，由于太阳光的入射角度接近于地平线，所以在圆坑般的洼地底部，就会形成一年到头都没有阳光照射的“永久阴影”，据计算，这一区域的表面温度约为210 ℃。

（2）水星的磁场

水星是太阳系类地行星中除了地球之外唯一一颗拥有显著磁场的行星（不过尽管如此，它的磁场强度也小于地球磁场强度的1%）。对于一颗行星来说，磁场的有无绝非小事，就拿地球磁场来说，它构成了地球上生命的保护伞，帮助抵挡有害的太阳射线和其他宇宙射线，从而造就了生命的乐园。所罗门博士将地球磁场称为“我们的辐射保护伞”，如果没有地球磁场，地球上的生命将很难出现和演化。

部分科学家认为水星在形成的早期阶段，它的液态核心还没有完全凝固，在这个时候产生了水星磁场并保留至今。不过这样的观点受到很多人的反对，认为是根本不可能的。因为在过去的几十亿年当中，放射性元素产生热能，或者其他像陨星袭击等原因，会使水星内部某些部位的温度上升到使物体丧失磁性所需的温度，从而使其残留下来的磁场完全消失。所以即使当时保留了部分磁场，现在也早已消失了。

还有部分科学家认为，水星的磁场是由于水星和太阳风持续不断地相互作用而产生的。但是这个观点被更多人反对，因为这种相互作用虽然会由感应而产生磁场，但不可能产生与自转轴平行的对称性磁场。直到现在，水星磁场的原因还是一个未解之谜。

（3）水星凌日现象

想要一睹水星的“芳容”，只能寄希望于偶遇而非强求，只有水星从太阳面前经过时，人们才可以看见在明亮的太阳圆盘背景上出现了一个缓慢移动的小黑点，这种现象叫作“水星凌日”。水星凌日现象每100年平均发生13次，需要用望远镜和掌握技巧的人指导才能看到，再加上阴雨天无法观测，真实观测机会更少。上两次看到的水星凌日发生在2006年11月8日和2003年5月7日，未来最近两次可能看到水星凌日将是2016年5月9日和2019年11月11日。

图5－8　2006年11月8日水星凌日

5.2.2　金星

金星是一个美丽的行星，在天空很容易被观测到。古罗马人被她美丽的外表所征服，将她称之为维纳斯——爱与美的女神。中国古人称金星为“太白”或“太白金星”，也称“启明”或“长庚”（傍晚出现时称“长庚”，清晨出现时称“启明”）。由于金星的大气层太厚，吸收了太阳光线中的蓝色部分，所以金星是一个橙黄色的世界，天空、云、地表上的物体全是橙黄色的，这也是它名称的由来。

（1）金星的特征

金星是距离地球最近的行星，离地球最近时大约相距4 200万千米，金星长期以来被当作地球的姐妹星，这是由于它与地球在体积、质量、密度和重量上都十分相似，以至于有人一直以为地球和金星是一个双子星系统。金星是太阳系中第6大行星，金星的面积与地球相似，半径6 100千米，是地球半径的96%，如果地球像篮球这么大，则金星就像足球。金星的质量为4.87×10^{24}千克，是地球的81.5%，平均密度约为地球的95%。金星有一层非常浓密的大气，表面气压

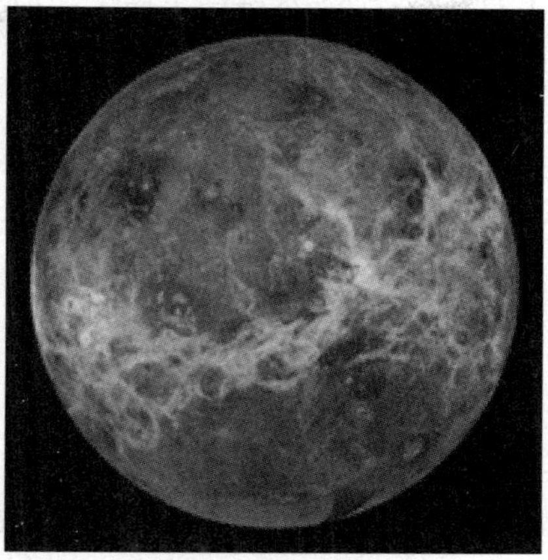

图 5-9 金星

相当于地球的 90 倍，主要由二氧化碳组成，此外还有少量的氮、氩、一氧化碳、水蒸气，氯化氢和氟化氢等。

长期以来，科学家们认为金星像地球一样拥有深海、大片雨林、还有悬崖，以至于太空时代以前，人们普遍认为金星上也有智慧生命。然而事实却并非如此，金星与其说是地球的好姐妹，不如说是个恶魔兄弟。

金星表面温度最高可达 485 ℃，足以熔化铅。金星表面不存在任何液态水，由于严酷的自然条件，也是不可能有生命存在的，但它却并不是一个死寂的世界，金星大气中存在着频繁的放电现象。1978 年 12 月 21 日，苏联“金星 12”探测器在登陆金星表面的过程中，仅从距地面 11 千米下降到 5 千米期间，就曾连续记录到 1 000 次闪电，最长的一次闪电竟然持续了 15 分钟。金星表面被高浓度二氧化碳所笼罩，气压是地球大气压的 90 倍，而在完全窒息的云层下，距金星表面 30～884 千米的高空，则密布着一层浓硫酸雾，腐蚀性极强。金星没有磁场和辐射带，太阳风、紫外线和 X 射线可以长驱直入，直达大气深处，在离地表附近的地方形成薄薄的电离层。如此恶劣的环境，难怪有人称金星为“太阳系中的地狱”。

由于金星上恶劣的气候条件，电子仪器或者机器人在金星的表面上待上几个小时后就会变成废铁。虽然人类已经对火星上的多个地点进行探索，但还尚未对金星进行过详细的探测。据记载，人类在 40 年前曾有过一次对金星的探索，当时探测器的电池在金星上只持续了 25 分钟便失效了，但庆幸的是这次短暂探索仍然为人类反馈了一些金星上的景象图片。

如果站在金星上，我们能看到的最有趣的现象就是太阳从西边升起了。这是因为金星的自转方向是自东向西的，与其他七大行星自西向东自转不同，它是太阳系内唯一逆向自转的大行星，我们称之为“逆向自转”。一些科学家认为，金星的反转是由强烈的陨星撞击导致的。

（2）金星的温室效应

金星的大气非常浓厚，而且 97% 以上是二氧化碳，因此温室效应非常强烈，表面温度达 485 ℃，而且基本上无地区、昼夜季节的差别。温室效应维持着地球气候，孕育了大量生命，但在金星上温室效应失控了。可能是由于金星得到了更多的阳光，这使得金星最初就比地球热。在地球上，水是凝结的，而在金星上，它却保持气态，并且逃逸了。在地球上，水使二氧化碳以各种碳酸盐的形式保留在岩石中，但金星上没有液态水，所以二氧化碳仍存在于大气中。一旦金星大气中有比地球更多的二氧化碳存在，温室效应就会加热低层大气，这种加热又使得更多的二氧化碳被释放到大气中去，进一步增强温室效应，这种情况被称为失控温室效应。金星和地球这一对姐妹星的初始条件如此相似，到头来却泾渭分明，进化成了完全不同的形态，初始条件的一点小差别引起了最终情况的大迥异。

（3）金星之谜

在比利时布鲁塞尔的一个科学研讨会上，苏联科学家尼古拉·里宾契诃夫首次披露了一个重大的秘密，令举世哗然，他说金星上有两万座城市的遗迹。其实早在 20 世纪 80 年代，美国发射的探测器发回的照片就显示金星上有大量城墟。经分析，金星上共有城墟两万座，这些城墟建筑呈“三角锥”形金字塔状。每座城市实际上只是一座巨型金字塔，门窗皆无，可能在地下开设有出入口。这两万座巨型金字塔形成一个很大的马车轮形状，其圆心处为大城市，呈辐射状的公路网将其周围的小城市连接起来。研究者认为，这些金字塔式的城市可以有效地避免白天的高温、夜晚的严寒以及狂风暴雨。1989 年 1 月，苏联发射了一枚探测器，该探测器带有能穿透浓密大气的雷达扫描装备，也发现了金星有两万座城墟这一重大秘密。起初科学家们还不敢断定这就是城墟，认为可能是探测器出了问题，也可能是大气层干扰造成的海市蜃楼现象。但经过深入研究，人们确信这些是城市的遗迹，并推测是智慧生物留下来的。一位研究者说："那些城市大多都倒下或即将倒塌，这说明其历史已经很悠久了。现在金星上不存在任何生物，这说明那里的生物已绝迹很久了。"

在1988年，苏联宇宙物理学家阿列克塞·普斯卡夫宣布：金星上也存在"人面石"，这一点与火星一样。"人面石"是人们在火星上发现的作为警告标志的垂泪的巨型人面建筑。科学家推测，金星与火星是一对难兄难弟，都经历过文明毁灭的悲惨命运。研究人员推测，金星在800万年前曾经历过地球现今的演化阶段，那时可能有智慧生物存在。但由于金星大气成分急剧变化，金星大气中的二氧化碳越来越多，温室效应疯狂爆发，进而使得水蒸气散失，导致金星的生态环境彻底改变，最终生命灭绝。倒塌的金星城市中，究竟隐藏着什么秘密呢？那个垂泪的人面塑像到底是否经历了金星文明的毁灭呢？迄今为止，人们在月球、金星、火星上都找到了文明活动的遗迹和疑踪，甚至在距离太阳最近的水星的表面也有一些断壁残垣被发现。地球、月球、火星、金星上都存在金字塔式的建筑。难道地球并非太阳系文明的起点，而是其终点？所有这些令人捉摸不透的谜团，只有等待人类在未来的实地探测中揭晓了，但愿这一天能尽早到来。

5.2.3　地球

地球是我们的家园。地球这个名字来源于对大地形状的认识，最早可以追溯到古希腊学者亚里士多德从球体哲学上的"完美性"和数学上的"均衡性"提出"地球"这个名称和概念。西方人常称地球为盖亚，这个词有"大地之神""众神之母"的意思。

地球是太阳系从内到外的第三颗行星，体积在太阳系的八大行星中排行第五，其赤道半径为6 378.2千米。地球有大气层和磁场，表面的71%被水覆盖，其余部分是陆地，是一个蓝色星球。地球是包括人类在内上百万种生物的家园，也是目前人类所知宇宙中唯一存在生命的天体。

（1）地球的成因

地球从哪里来？地球上的生命又从何起源？这些问题肯定在我们大多数人的

图5-10 “阿波罗17号”太空船于1972年拍摄的地球

脑海里都曾浮现过，人们对地球的起源做了种种猜想和探索，世界各大文明中都有关于此的诸多传说。中国古代有“盘古开天辟地”的传说，国外流行“上帝七天创世说”，这些内容在本书第一章宇宙的起源中都有详细的介绍。

人们对地球起源的科学探索始于18世纪中叶。法国生物学家布封提出“彗星碰撞说”，打破了神学的禁锢。随着科学的进步，关于地球成因的假说被越来越多地提出：“彗星碰撞说”认为，太阳系的行星是被很久以前闯入太阳内的一颗彗星从太阳上面打下来的；“陨星说”认为，是陨星的积聚形成了太阳和行星；1796年法国科学家拉普拉斯提出“宇宙星云说”，认为星云积聚产生太阳，太阳排出气体物质从而形成行星；此外还有“双星说”，认为太阳系最初除了太阳之外曾有第二颗恒星，行星都是由这颗恒星产生；“卫星说”认为，海王星、地球和土星的卫星大小基本相等，也可能存在过众多同月球一样大的天体，它们构成了太阳系，而我们已知的卫星则是被遗留下来的“未被利用的”材料。

在以上众多的假说当中，康德的陨星说与拉普拉斯的宇宙星云说虽然在具体说法上有所不同，但二者都认为太阳系起源于弥漫物质（星云）。因此，后来把这个假说统称为康德—拉普拉斯假说，并被相当多的科学家所认可。

但是随着科学的发展，人们发现“宇宙星云说”也暴露了许多不能自圆其说的新问题，如逆行卫星和角动量分布异常问题。根据天文学家观察到的事实：太阳本身质量占太阳系总质量的99.87%，角动量只占0.3%；而其他八大行星及所有的卫星、彗星、流星群等总共占太阳系总质量的0.13%，但它们的角动量却占99.27%。这个奇特现象，天文学上称为太阳系角动量分布异常问题。“宇宙星云说”对解释产生这种分布异常的原因“束手无策”。

另外，现代宇航科学发现越来越多的太空星体互相碰撞的现象。1979年8月30日美国的一颗卫星P78-1拍摄到了一个罕见的现象：一颗彗星以每秒560千米的高速，一头栽入了太阳的烈焰中。照片清晰地记录了彗星冲向太阳并被吞噬的情景。

既然宇宙间存在天体相撞的事实，那么布封的“彗星碰撞说”的可能性依然存在，并使新的灾变说应运而生。今天，有关地球起源的学说层出不穷，但地球是怎样形成的仍是一个谜。

（2）地球的年龄

生活在地球上的人类自古以来就十分关心地球的年龄问题，我们的家园在何时诞生，又会在何时走向灭亡？从宇宙的尺度来看，杞人忧天并非完全是无稽之谈，如果地球的生命走到了尽头，地球上的众多生命该置身何处？为了能够准确地测定地球的年龄，历代科学家们尝试了各种办法，比如从海水盐度、海洋的沉积率来推算等，达尔文进化论提出后人们还尝试通过对生物化石的研究来确定岩石的年龄，但是这些方法都解决不了问题，不能准确推算出地球的年龄。

直到20世纪，科学家们终于找到了测定地球年龄的最可靠的方法，这种方法叫作同位素地质测定法。20世纪初期，人们发现地壳中普遍存在微量的放射性元素，它们的原子核中能自动放出某些粒子而变成其他元素，这种现象被称为放射性衰变。在天然条件下，放射性元素衰变的速度不受外界物理和化学条件的影响。利用放射性元素的这一特性，我们选择含铀的岩石，测出其中铀和铅的含量，便可以比较准确地计算出岩石的年龄。科学家们用这种方法推算出地球上最古老的岩石的年龄大约为38亿年。当然这还不是地球的年龄，因为在地壳形成之前地球还经过一段表面处于熔融状态的时期，科学家们认为加上这段时期，地球的年龄应该是46亿年。

近些年来，人们又用同样的方法推算了各类陨石以及宇航员从月球上取回的月岩的年龄。结果，它们的年龄都是45亿~46亿年。这说明太阳系中这些天体是同时形成的，同时也说明用这种方法来测定地球的年龄是比较准确的。

（3）地球的结构特征

俗话说，上天容易入地难。人们仰望星空，可以引发无限遐思，尤其是随着望远镜和太空探测技术的发展，人们对太空的了解也越来越多；然而对于脚下的这片大地，却苦于遁地无门。地球内部的结构无法直接观察，到目前为止，关于地球内部的知识，主要来自于对地震波的研究。

根据地震波传播速度的变化，可以将地球内部划分为地壳、地幔和地核三个圈层。最上面一层是地壳，是地球表面一层薄薄的、由岩石组成的坚硬外壳。它厚薄不一，大陆部分比较厚，海洋部分比较薄，平均厚度为 17 千米。地壳表面凹凸不平，我们就生活在地壳上。地球内部中间的一层叫作地幔，平均厚度为 2 800 千米。根据地震波波速的变化，可以把地幔分为上地幔和下地幔两层。在上地幔上部存在一个软流层，一般认为这里可能是岩浆的主要发源地。地球的最内层叫做地核，它的压力大概有 300 万～360 万个大气压，温度为接近 7 000 ℃。地核由什么物质组成尚不得而知，一般认为，外核可能是液态物质，内核可能是固态物质。但有一点可以肯定，就是地核的物质密度很大。

地球的外部圈层包括大气圈、水圈、生物圈等，这些圈层之间相互联系、相互制约，形成人类赖以生存和发展的自然环境。大气圈包围着地球，是由气体和悬浮物组成的复杂系统，主要成分是氮和氧，是地球自然环境的重要组成部分，说它在庇护地球一点儿也不为过。我们都知道，地球之所以能够充满生机是因为水循环的存在，而水循环的关键正是大气圈的存在。没有大气圈，地球上就会变成一个像月球那样的干燥星球。没有水分，自然界就没有生机。大气圈使地表的热量不易散失，同时通过大气的流动和热量交换，使地表的温度得到调节。大气的状况可以影响一个地区的气候，进而决定该地区的水文特点、地貌类型、土壤发育和生物类型，从而对地球表面的整个自然环境的演化进程起着重要作用。

（4）地球的运动特征

地球的运动包括自转和公转两种形式。

地球绕其自转轴（简称地轴）的旋转运动，叫作地球自转。地球像陀螺一样，自西向东绕着地轴不停地旋转，每转一周就是一天。由于在计算自转周期时，选定的参考点不同，一天的长度略有差别，名称也不同。如果以距离地球遥远的同一恒星作为参考点，则一天的长度为23时56分4秒，这称为恒星日，这是地球真正的自转周期。如果以太阳为参考点，则一天的时间长度是24小时，这称为太阳日。由于地球在自转的同时还在绕着太阳公转，所以太阳日比恒星日要长一些。

由于地球是个不透明的球体，太阳只能照亮地球的一半，于是地球上就产生了昼夜现象，朝着太阳的一面是白天，背着太阳的一面是夜晚。地球在不停地自转，昼和夜便不断地交替。例如，我们生活在中国郑州，当郑州正对着太阳时，郑州市民就处在中午时刻。由于地球自西向东旋转，人们不能察觉地球的旋转，只能看到太阳慢慢地自东向西偏移。经过6个小时，地球向东转了90°，郑州便处在日落西山的傍晚时分。地球继续旋转，郑州转到正背对着太阳的位置时，郑州就到了子夜零时。再经过6个小时，地球又转过了90°，郑州市便是晨曦初露，白天就要到来。随后，郑州又回到正对着太阳的位置上时，时间也来到了中午，从而完成了一次昼夜的交替。

地球在自转的同时，也在围绕着太阳公转。同地球自转的方向一致，地球公转的方向也是自西向东。地球公转一周的时间单位是1年，其时间长度为365日6时9分10秒，这称为恒星年。地球公转的轨迹叫作公转轨道，它是近似正圆的椭圆形轨道，太阳位于椭圆的一个焦点上。

地球绕太阳公转是斜着身子旋转的，地球的自转轴与公转轨道平面斜交成约66度34分的倾角，由于地轴始终指向北极星，因此，地球在公转轨道上的不同位置时，地表接受太阳垂直照射的点是有变化的。

地球不停地公转，春、夏、秋、冬四季便不断地交替出现。在我国，四季划分有不同的标准，天文学上以春分、夏至、秋分、冬至分别作为春、夏、秋、冬四季的开始；民间习惯以农历1、2、3月为春季，4、5、6月为夏季，7、8、9月为秋季，10、11、12月为冬季；气候统计上，因一般1月最冷，7月最热，故以公历3、4、5月为春季，6、7、8月为夏季，9、10、11月为秋季，12月和次年1、2月为冬季。这种四季分法对四季分明的温带地区较为符合。

（5）地球的卫星

月球是地球唯一一颗卫星，俗称月亮，古称“太阴”，还有“玉兔”“玉盘”“婵娟”等许多雅号。晴朗的夜晚，一轮明月高挂天空，它那皎洁明媚、幽静柔和的月光常常惹人遐思，无数文人墨客用美妙的笔墨描绘、赞美过它。我国民间也流传着嫦娥奔月、吴刚伐桂、玉兔捣药等许多动人的神话故事。在古希腊神话中，月亮女神的名字叫阿尔特弥斯，同时她也是狩猎女神。

在浩瀚宇宙的无数天体中，月球只是一个微不足道的小天体。但是，作为地球唯一的天然卫星，月球是距离地球最近的天体，与地球之间的平均距离是38.4万千米。对于地球来说，除了太阳之外，天空中没有任何天体比月球更加显著。从对地球的影响来看，月球的作用也是太阳以外的其他任何天体所不可比拟的。月相的圆缺变化，曾是一种天然的和最早的历法；月球和地球之间的引力对地球上的潮汐现象起着主导作用。因此，对于地球来说，月球显得尤为特别和重要。除了地球之外，月球是被人们研究得最为彻底的天体，也是人类亲身到过的宇宙天体。1969年7月20日，美国“阿波罗11号”飞船实现了人类登上月球的夙愿——第一次把宇航员送到了月球，并且还在月球的表面安装了月震仪、激光测距反射仪，迈出了人类对月球进行实地考察研究的第一步，尼尔·阿姆斯特朗和巴兹·奥尔德林成为最先登陆月球的人。

在科学家眼里，月球是个“乖巧”的“怪物”。它“怪”，是因为已知的天文学知识中，没有哪个卫星如同月球这样相对比例大得出奇，也没有哪个卫星的轨道是圆的，除了人造卫星。它“乖”，是因为月球的很多数据都很“巧合”：太阳与地球的距离，是地球与月球的395倍，而太阳的直径也“正好”是月球的395倍，这导致地球上的人看到的月亮和太阳一样大。从地面上看，两个大小相似的天体，一个照亮白天，一个照亮夜晚，太阳系中还没有第二个同例。月球自转一周的时间“正好”和绕地球公转一周的时间相同，所以月球永远以同一个面对着地球。月亮在太阳与地球之间刚好有一个倾斜角度，在夜晚时能把太阳光反射到地球上，照亮地球的夜空。这一切都是偶然的巧合吗？在真正的探索者眼里，这些偶然背后必然有其根源。

月球表面有阴暗和明亮的区域，亮区是高地，暗区是平原或盆地等低陷地

图 5－11 月球正面图

带，分别被称为月陆和月海。早期的天文学家观察月球时，以为发暗的地区都是由海水覆盖的，因此把它们称为“海”；而明亮的部分是山脉，那里到处是星罗棋布的环形山，即月坑，几乎布满了整个月面。月球对着地球的一面，简直是一幅世界地图的展开图：北半球以月海为主，南半球以环形山为主；月海的排列几乎近似于地球的陆地，环形山的分布几乎像地球的海底山脉。在较大的几个月海中，风暴洋像非洲，雨海和冷海像欧亚大陆，澄海、静海和丰富海犹如美洲，云海犹如大洋洲，梦湖犹如格林兰岛，湿海犹如马达加斯加岛。因此，月表正面的形状简直是地球表面按 1/28 比例缩小的铸模。月球为什么要把地表的模样刻在自己的“脸”上呢？有谁能做出如此大手笔呢？这些有趣的谜团都有待我们去探索和发现。

5.2.4 火星

火星是一个由锈红色沙漠、沙尘暴以及冰冷的极地地区构成的世界。在夏季，这里的白昼十分温暖，气温可达到 16 ℃，但夜晚温度则降至冰点以下。火星的空气比地球最高山脉——喜马拉雅山顶端的空气还要稀薄，所以未来的航天员如果想要登陆火星，就需要穿着具有呼吸及加热设备的航天服。即使如此，火

图5-12 哈勃太空望远镜所见的火星

星仍然是太阳系中和地球最为相似的行星。

(1) 火星的特征

火星是太阳系由内往外数的第四颗行星，属于类地行星，直径为地球的一半。在西方称火星为战神玛尔斯，中国则称为荧惑，因为它荧荧如火，位置、亮度时常变动。从地球上观察火星，会发现它就像个燃烧着的大火球。实际上，火星之所以会呈现出红色是因为其表面含有丰富的氧化铁元素。火星表面的大部分区域不仅被由红色的硅酸盐和赤铁矿组成的沙漠覆盖着，而且土壤中还包含着各种铁化合物，这些化合物经过长期氧化和紫外线照射，便形成了红色的铁氧化物，它反射的太阳光也就变成红色的了。所以，我们观察火星时就会觉得它周身围绕着红色的火焰。

火星基本上是沙漠行星，地表沙丘、砾石遍布，没有稳定的液态水体。以二氧化碳为主的大气既稀薄又寒冷，并有沙尘悬浮其中，整个火星一年中大约有四分之一的时间笼罩在无边无际的狂沙之中，一次沙暴可持续几十天时间。与地球相比，火星的地质活动不活跃，地表地貌大部分于远古较活跃的时期形成，有密布的陨石坑、火山与峡谷，包括太阳系最高的山峰——奥林匹斯山（巨大的火山高达25千米，方圆624千米）和最大的峡谷——水手峡谷（大峡谷延伸4 000多千米，深2~7千米）。另一个独特的地形特征是南北半球的明显差别：南方是古老、充满陨石坑的高地，北方则是较年轻的平原。火星两极皆有主要以干冰组成的极冠，这些干冰会随季节变化而消长。

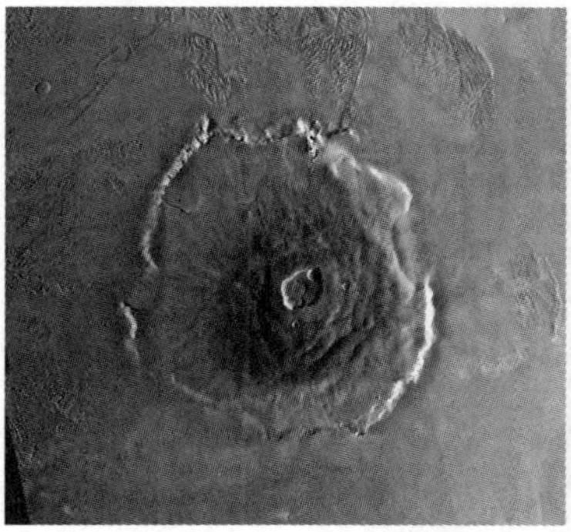

图 5－13 奥林匹斯山

图 5－14 水手谷

火星有两个天然卫星火卫一和火卫二，形状不规则，可能是被其捕获的小行星。火星在地球上能背肉眼看到，亮度可达 －2.9，只比金星、月球和太阳暗。

（2）火星之谜

有许多科学家认为，在火星地表之下有可能生存着最低级的、类似细菌或病毒的微生物有机体。1996 年 8 月，美国宇航局宣布在火星陨石中发现了微生物化石的明显遗迹。英国欧佩恩大学行星科学教授柯林·皮灵格也指出，某些生命形式能够生存在最不利的环境中。1996 年，一些英国科学家在太平洋海底 4 000 多米的地方进行钻探时发现了细菌，而那里的压力是海平面压力的 400 倍，温度竟高达 170 ℃。研究海底 3 000 多米处活火山的科学家也发现了一些动物，它们属于髭虎鱼属动物，聚居在布满各种细菌的领地上，那些细菌则在从海床上隆起的、沸腾的、富含矿物质的地幔柱上繁殖生长。由此可以想到，火星上有可能存活着一些生物，它们也许被封闭在厚 10 米的永久冻土层当中。

有人认为来自火星表面的陨石会落到地球上，同样有人认为因小行星的撞击而从地球飞溅出去的岩石有时也会到达火星。由此可以想象，地球上的生命有可能是由火星陨石携带过来的——反之也是如此，生命体也可能被从地球上带到火星。火星上到底有没有生命？也许，在人类的脚印踏上火星之前也不会有一个明确的答案。

（3）神秘的“火星脸”

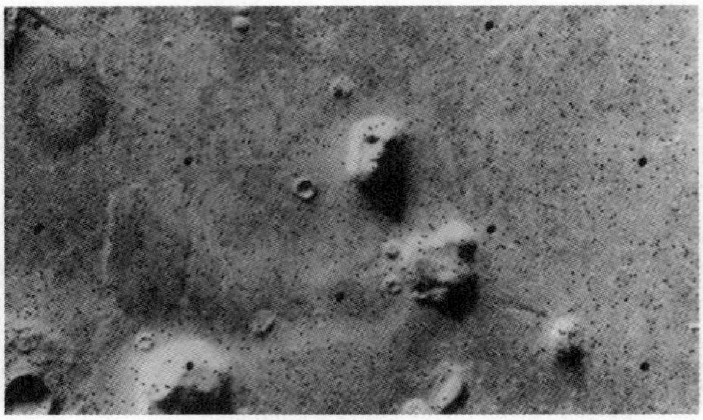

图5－15 传说中的“火星脸”

1976年7月，美国“海盗一号”火星探测器拍摄的一张照片上显现一个酷似人脸的物体，并由此引发了科学家们的争论。许多人猜测这是很久以前“火星人”建造的类似埃及斯芬克斯像的建筑，是火星远古文明留下的历史遗迹。美国宇航局曾多次反驳这一观点，到20世纪90年代和2001年火星探测器在飞过“火星脸”区域时也发现它只是一个多岩石山。

图5－16 “火星脸”所在的多岩石地形的特写镜头

“火星脸”所在的多岩石地形被称为平顶山，即顶部扁平、四周陡峭像悬崖一样的大片岩石。“火星脸”平顶山位于塞东尼亚区，长约几千米，高达数百米。由于太阳的角度以及其坑坑洼洼的表面，那片岩层看上去与人脸确实有些相似之处，中央位置的大片岩层看上去像是人头，在阴影的作用下，还给人留下眼睛、鼻子和嘴巴的幻觉。

专家介绍，在实际存在的物体上看到人脸，这种现象被称为“幻想性错觉”，这也是许多人在茶叶、云团和烤焦的面包上看到他们所认为的“耶稣脸”的原因。美国著名天文学家卡尔·萨根认为，人类之所以总能在某些地方看到人脸，完全是人类生存的本能使然。

5.3 外太阳系

太阳系的中部区域是气体巨星和它们有如行星大小的卫星的家，许多短周期彗星，包括半人马小行星也在这个区域内，此区的传统名称为“外太阳系”。这一区域固体的主要成分是“冰”（水、氨和甲烷），不同于以岩石为主的内太阳系。20 世纪末至 21 世纪初，天文学家在外太阳系之外发现了大量新天体，就将这个新的外部区域称为“海王星以外的区域”，原属于外太阳系的冥王星也归于其中。

外太阳系的四颗行星也称为类木行星。木星和土星的大气层都拥有大量的氢和氦，天王星和海王星的大气层则有较多的“冰”，由水、氨和甲烷组成。有些天文学家认为它们该另成一类，称为“天王星族”或是“冰巨星”。这四颗气体行星都有行星环，但是只有土星的环可以轻松地从地球上观察。

气体巨行星和冰巨星在形成的时候就存在差异，太阳系的诞生应该开始于一个由气体和尘土构成的、转动的巨大球体，也就是前太阳星云。当它凝聚时，逐渐形成盘状，在中心处崩塌形成了太阳。多数的星云气体主要是氢和氦，形成了太阳；同时，颗粒的尘土聚集形成了第一颗原行星。在成长的过程中，有些行星累积到足够的质量，能够凝聚星云中残余的气体，直到达到一个关键点，它们开始以指数的速度增长，最终形成巨行星。而冰巨星的气体只有几个地球的质量，未能达到这个临界点。冰巨星的质量虽然没有巨行星大，但在如此远离木星和土星的地方是没有足够的物质来形成这样大的行星的，所以有些科学家认为天王星和海王星可能是在离太阳较近的位置形成之后，才被木星“驱赶”到外面的。

5.3.1 木星

木星是一个气态行星，主要由氢和氦组成，木星也是太阳系中体积最大、自转最快的行星，被称为“八星之冠”。在太阳系行星兄弟中，木星的个头最大，是名副其实的老大哥。木星的体积比其他七兄弟的体积总和还要大，它那庞大的躯体足以容纳1 316个地球。木星的质量也是相当可观的，是其他七大行星总和的2.5倍，相当于地球的318倍。木星丰沛的内热在它的大气层造成一些近似永久性的特征，例如云带和大红斑。这个大红斑大约有4.53亿平方千米，有人认为它是一股永不停息的旋风。木星有众多的卫围绕其旋转，已经被发现的卫星有63颗，最大的4颗为甘尼米德、卡利斯多、埃欧和欧罗巴。甘尼米德比水星还要大，是太阳系内最大的卫星。

（1）木星的特征

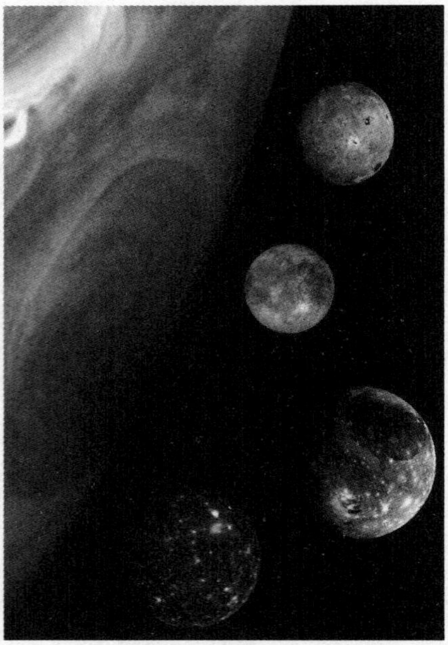

图5-17 木星及其四大卫星

木星是太阳系中最引人注目的一颗行星，它的亮度仅次于金星。中国古代把它叫作“岁星”。木星直径约为14.3万千米，是地球直径的11.25倍，而质量为所有其他行星的2.5倍。木星的平均密度相当低，仅1.33×10^{3}千克/米^3。其绕太阳公转一周约 12 年，而自转一周仅要近 10 小时。由于它自转太快，致使星体变扁，其赤道半径与极半径相差 5 000 千米之多。木星内部是由铁和硅组成的核，称为木星核，温度高达 30 000 ℃。木星核的外部绝大部分是氢，液态的氢分子层与液态的金属层合称为木星幔。木星幔的外面是木星的大气层，其厚度有 1 000 千米，几乎全由氢和氦构成，只有微量的甲烷、氨和水蒸气。木星大气中的甲烷具有吸收紫外线的作用。木星大气中还有十分强烈和频繁的闪电现象，平均每年有 250 次。木星大气浓密，表面覆有浓厚的云层，云层上的平行条纹和红色的卵形斑块好似雨花石的花纹。这些彩色云层像波浪一样翻滚着，并且随着木星的自转被拉成带状。人们称木星表面颜色明亮的条纹为“带”，颜色较暗的为“带纹”。其中最引人注目的是位于木星南热带内的大红斑，它呈蛋形，长 20 000 千米，宽 11 000 千米。木星表面的磁场强度大约是地球的 10 倍，且其方向与地球的正好相反。木星具有极光现象，它是除地球以外第二个发现有极光现象的天体。

（2）木星的“大红斑”

1973 年 12 月，美国宇宙飞船“先锋 10 号”对木星表面进行拍摄。人们从其传回的照片发现，在木星南半球存在一块色泽鲜艳的大红斑。这与罗巴特·福克在 1664 年画的木星图中的大红斑有着惊人的相似。这就说明，木星上的橘红色斑至少存在了 300 多年，而且位置也没有太大变动。那么这个大红斑究竟是什么呢？

科学家通过研究木星的相关资料后推测，大红斑是木星内部温度最高的地方。木星内部的物质形成柱状旋涡，不断向外喷发，柱状旋涡与大气发生作用形成橘红色物质。

此外也有科学家认为，大红斑就是由带橘红色的一氧化碳的旋涡在木星大气层移动形成的。还有科学家认为，大红斑是木星产生卫星的地方。

鉴于木星是一个狂风狂飙肆虐的地方，因此也有人设想，大红斑可能是巨大的风暴，从外面看是一个强大的旋涡，或者是一团沿逆时针方向迅速旋转并猛烈上升的强气旋。因气旋中含有红磷化合物，所以呈橘红色。

以上的说法都只是推测，还缺乏强有力的证据，有待于进一步证实。

图5-18 木星“大红斑”

(3) 地球的“保护伞”

凝望夜空，木星只是一个针眼般大小的亮点，很难让人相信它对地球的影响会如此之大。毕竟这颗庞大的行星距离地球6.28亿千米，是地球与太阳之间距离的4倍。天文学家认为人类应当将自身的存在归功于这个由氢和氦组成的庞大“气球”。在把彗星对地球的撞击减轻到最低程度方面，木星功不可没。它的强大引力将诸如彗星这样的太空碎片清除得干干净净，为生命在地球上的演化创造了一个安全的环境。

图5-19 彗木相撞

纵观太阳系的历史，木星曾经扰乱了无数天体的运行轨道，由于木星的质量是地球的318倍，所以木星会对环绕它运行的天体产生巨大的引力。1994年7月，“苏梅克－利维9号”彗星被木星的引力牵引，偏离轨道进入木星的大气层，最终同木星发生一连串猛烈的大碰撞，撞击升起的蘑菇云有如地球般大小，释放的能量相当于每秒引爆一颗美国在广岛投下的原子弹。巨大的爆炸力将彗星撕成了碎片，这些碎片在太空中绵延数百万千米。这颗彗星最后在木星大气层中留下了半个地球大小的痕迹，直到一年之后才渐渐消失。当时很多天文学家和天文爱好者都观察到了这壮观的一幕。

如果木星没有拦下这颗彗星，让它笔直撞上地球，那就是我们的末日了。长久以来，木星强大的引力将许多天体朝太阳所在的方向抛去，使它们就此毁灭，这个过程同科学家利用行星引力将宇宙飞船弹往目的地的快捷轨道相似。不仅如此，木星还会把一些天体弹出太阳系。木星就像一个太空交通警察，指挥着那些四处乱飞的太空碎片。天文学家认为木星至少为地球做了两件好事：当地球需要时，它将天体送入地球轨道；而一旦天体威胁到地球的安全时，则将它们清除干净。

我们真的是非常幸运，因为木星不仅在19年前救了我们一次，它已经救了我们千百次，从太阳系形成之初就已经是如此。在太阳系形成之初，小行星是如此之多，剧烈的撞击导致地球无法孕育生命。使小行星数量减少的就是木星，木星的巨大引力将周围的物体吸向它，是木星让地球得以孕育生命，它为地球挡下了这些小行星“飞弹”，到今天仍是如此。

5.3.2 土星

土星是太阳系八大行星中的第二颗大行星，体积仅次于木星，能容纳745个地球，质量是地球的95倍多。土星有明显的环系统，它与木星非常相似，如大气层的结构都是由氢和氦组成，星体表面也是由液态氢和液态氦组成。土星是太阳系卫星数量较多的行星，它的卫星泰坦和恩塞拉都斯，拥有巨大的冰火山，显示出地质活动的迹象；土卫六泰坦是土星系统中最大和太阳系中第二大的卫星（太阳系最大的卫星是木星的木卫三），比水星还要大，而且是太阳系中唯一实际拥有大气层的卫星。

图 5-20　土星

据计算，土星的半径为 6 万千米，其中岩石部分的半径均为 1 万千米。土星环是由几十厘米大小的冰碴儿组成的。因此，如果制作一个直径 10 米的土星模型，土星环至多不过 1 毫米的 1/2 500，这比蜉蝣的翅膀还要薄。除此之外，土星的密度很小，只有 0.7×10^3 千克/$米^3$，是八大行星中唯一密度比水小的行星。

（1）土星的光环

土星在古代被叫作“镇星”或“填星”，它运动迟缓，被人们视为掌握时间和命运的象征。罗马神话中称之为“第二代天神克洛诺斯”。无论是东方还是西方，人们都把这颗星和与人类密切相关的农业联系在一起。

图 5-21　美丽的土星环

土星和它的邻居木星十分相像，都有着美丽的光环，表面也是液态氢和氦的海洋，上方同样被色彩斑斓的云带所缭绕。用望远镜看去，土星好像是一顶漂亮的遮阳帽飘行在茫茫宇宙中，带给人们无限的遐想。土星环是如此美丽，它到底由什么组成，又是怎么形成的呢？

土星的光环主要由碎冰块、岩石块、土星尘埃、颗粒等物质构成，它们排列成一系列的圆圈绕着土星旋转。土星的光环不是一个整体，它包含7层小环。这些光环极薄但很宽，虽然厚不到1千米，却从行星表面朝外延伸约420 000千米。

美国“旅行者1号”探测器对土星光环做过近距离观测，发现土星光环的整体形状像一张巨大的密纹唱片，从土星的云层顶端向外延伸。光环的7层小环中最明亮、最宽阔的是A环与B环，在A环与B环之间有一圈黑暗的宽缝，它就是有名的卡西尼环缝。距离土星最近的、亮度最暗的是D环，透明度最高的是C环，A环以外有F、G、E三个环，其中E环处于最外层，十分稀薄和宽广。

土星的光环除了7层小环外，还有更多数不清的细环。这些细环有的很完整，有的却有些残缺。让人眼花缭乱的是，有的光环呈现螺旋转动的波浪状，有的光环呈不对称的锯齿状、辐射状，还有的光环甚至像辫子一样互相交缠着，科学家们对此十分惊异。

那么，是什么力量将这许许多多的物质约束在细若一线的环内的呢？“旅行者1号”发现，在F环的内外两侧各有一颗守护卫星，在A环的外侧轨道上也有一颗卫星，一些科学家据此认为，正是这几颗处在特殊位置的小天体阻止了土星光环中的物质向外扩散。

（2）土星的卫星

土星是太阳系中卫星数目较多的一颗行星，周围有许多大大小小的卫星紧紧围绕着它旋转，就像一个小家族。精确的卫星数量尚不能确定，所有在土星环上的大冰块理论上来说都是卫星，而要区分出是环上的大颗粒还是小卫星是很困难的。到2009年，已经确认的卫星有62颗，其中52颗已经有了正式的名称；还有3颗可能是环上尘埃的聚集体而未能确认。

土星的卫星中最著名的是“土卫六”。1655年3月25日，荷兰天文学家惠更斯在用自制的3.7米长折射望远镜观测土星时，无意中发现了一颗土星的卫星，这颗卫星被命名为泰坦（或译为提坦），它是被人类发现的第一颗土星卫星。泰坦是希腊神话中的女巨神、第二代天神克洛诺斯的妻子。

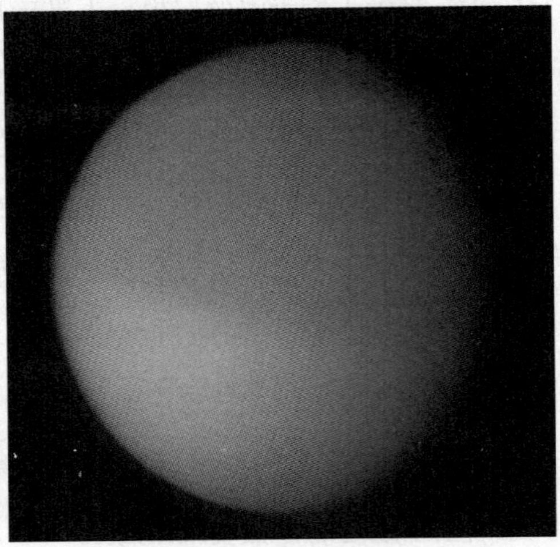

图 5-22　土卫六——泰坦

土卫六是目前发现的太阳系卫星中唯一有大气存在的卫星。土卫六的直径为5 150 千米，是仅次于土卫三的大型卫星。过去，人们认为，土卫六的表面温度不太低，因而推断土卫六上可能有生命存在。“旅行者 1 号”发现，它有一个浓厚的大气层和一个液态的表面，大气层有 400 千米厚，大气的主要成分是氮，占大气的 98%，还有少量的乙烷、乙烯及乙炔等气体。然而，由于它和太阳相距遥远，高层大气的温度为 -100 ℃，底层大气的温度约 -180 ℃。在这样的环境下，“旅行者 1 号”未发现任何生命存在的痕迹。

5.3.3　天王星

天王星是太阳系由内向外的第七颗行星，其体积在七大行星中排名第三，质量排名第四（比木星、土星和海王星轻），直径是地球的两倍。天王星与其他行星不同，它像一块蓝色的圆形云石，异常美丽。天王星显蓝色是其外层大气层中的甲烷吸收了红光的结果。

天王星和海王星的密度、组成成分、内部结构及大气构成不同于木星和土星。天王星大气的主要成分是氢和氦，但是与巨行星木星和土星不同的是，它还包含着高比例的由水、氨、甲烷等结成的“冰”与可以探测到的碳氢化合物。天王星的环系统在行星中非常独特，因为它的自转轴斜向一边，几乎就躺在其公转的轨道平面上，因而它的南极和北极也躺在其他行星的赤道位置上。从地球看，天王星的环像环绕着标靶的圆环，它的卫星则像环绕着钟的指针。

（1）天王星的发现

天王星是第一颗在现代被发现的行星，虽然它的光度与五颗传统行星一样，但由于较为黯淡而未被古代的观测者发现。

人们常说，天王星的发现是个偶然，其实在这个偶然的背后，却是几十年如一日的钻研。

1781 年 3 月 13 日是天文史上一个值得纪念的日子：在这一天以前，人类观测过太阳表面的黑子、月亮上的环形山、木星的光环，但是从来没有想到过土星的轨道之外还有行星。而这一天威廉·赫歇耳发现了一颗新的行星，一下子把太阳系的区域扩大了一倍。新行星的命名是一件大事，天文学家波德建议用天神乌兰纳斯来命名这颗新行星，并得到了大家的公认，中文译为天王星。

（2）天王星的特征

天王星是在土星外面绕太阳公转的，公转周期为 84. 01 个地球年。天王星自转方式非常奇特，就像一个要赖的小孩躺在地上打滚似的，天王星横躺在轨道上一边打着滚，一边绕太阳转圈。天王星如此运动的结果造成天王星上的春秋两季有着快速的昼夜交替，约每隔 16. 8 小时太阳就升起一次。而冬夏两季和春秋两季则截然不同，当天王星的南半球对着太阳时，南半球处于夏季，这时期的太阳总是在南半球上空转圈子，永不下落，整个夏季南半球始终是白昼。这时背向太阳的北半球则处于冬季，整个冬季要度过长达 21 个地球年的漫长黑夜，难怪有人把天王星称为“一个颠倒的行星世界”。

在八大行星中，假如把木星称为“热行星”的话，那么天王星就是“冷行星”了。虽然，它与太阳的距离要比海王星近 1 倍，但其表面温度却与海王星一样，比冥王星高不了多少。通过对它辐射能的测定得知，其辐射的能量只有 6% 来自星体内部，而木星、土星、海王星却有 40%。由此可见，天王星是太阳系中唯一缺乏内部热能的行星。按照现行的天王星结构模型推算，它的中心温度只有约 6 000 ℃，远远低于其他行星。另外，在其核外是一层厚达 1 万多千米的幔。

与众不同的是，这层幔是由水冰、氨冰和甲烷冰组成的。这层厚厚的冰层足以使天王星变得“冷酷无情”。要从根本上说明天王星的冷，还得追溯到它的起源与演化历史。有人认为它是由无数彗星聚合而成的，而彗星正是一颗颗冰冷的“脏雪球”。也有人认为，它的倾斜的自转轴暗示在它演化的早期曾受到过一次猛烈的碰撞，这一撞虽未致命，但却损失了大部分热能，使它变冷。

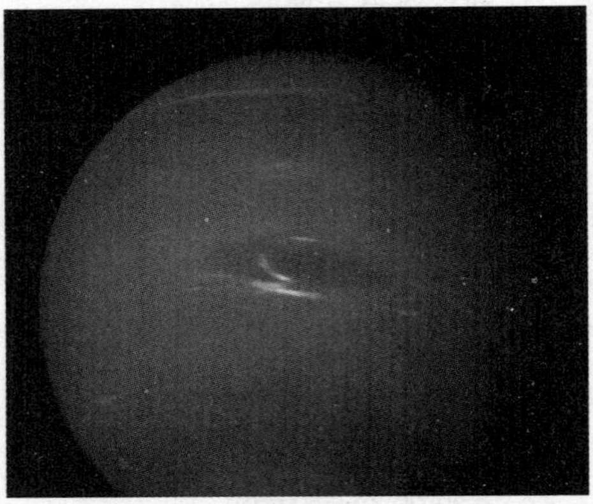

图5－23　海王星

5.3.4　海王星

海王星是环绕太阳运行的第八颗行星，是围绕太阳公转的第四大天体。海王星在直径上小于天王星，但质量比天王星大，海王星的质量大约是地球的17倍，而天王星因密度较低，质量大约是地球的14倍。海王星的大气层85%是氢气，13%是氦气，2%是甲烷，除此之外还有少量的氨气。同天王星一样，海王星的外观也为蓝色，不同的是天王星是柔和的青色，而海王星是活泼的淡青色。海王星有着黯淡的天蓝色圆环，但与光芒四射的土星环比起来却相去甚远。

（1）笔尖上的行星

海王星的发现证明了牛顿万有引力理论在太阳系中的权威性。这是用理论和天文现象，通过计算做出预言，然后在观测中得到证实的一个例证，是唯一利用数学预测而非有计划地观测发现的行星。

1821年，德国人布瓦尔德在编制星表时发现天王星的运行轨道不是完美的椭圆。贝塞尔提出，在天王星附近可能有一个未知行星干扰其运动。1845年10

月，英国剑桥大学的学生亚当斯根据万有引力定律和天王星的已知轨道算出了未知行星的位置，并把结果送交英国皇家天文台的爱勒，但后者对这个年轻人的计算结果将信将疑。1846 年 7 月至 8 月，法国人勒威耶根据同样的计算方法得出了未知行星的位置，柏林天文台台长加勒接到勒威耶的来信后立即观察，发现了一颗新的行星——海王星。这一消息公布时，英国的天文学家们还只是进行观察的准备工作。

海王星距离太阳 30 个天文单位（1 个天文单位≈1.4958×10^{11}米），它虽然辐射出较多的热量，但仍远不及木星和土星。海王星已知有 13 颗卫星，最大的崔顿仍有活跃的地质活动，有着喷发液态氮的间歇泉，它也是太阳系内唯一逆行的大卫星。在海王星的轨道上有一些 1∶1 轨道共振的小行星，组成了海王星特洛伊群。

（2）到海王星上去“做客”

“旅行者 2 号”宇宙探测器自 1977 年发射升空后就创造了许多奇迹。1981 年它与土星相遇，1986 年与天王星交会，1989 年 8 月又成功地“做客”海王星和海王星最神秘的卫星“海卫一”以及另外 7 颗较小的卫星。

当“旅行者 2 号”抵达海王星时，它那台经历了长途跋涉的摄像机勉强拍摄了这颗亮度只有地球 1% 的行星照片，探测器内的无线电发射机只能依靠 20 瓦灯泡那样微弱的能源发回信息，而当微弱的信号经过 4 小时传送到地球后，它的能量已经减弱了许多。然而，经过地球上超级计算机的处理，居然把“旅行者 2 号”飞掠海王星所获得的照片复原得如同直接拍摄的一样清晰，使地球上的人能第一次目睹海王星的尊容。

从探测器大量送回的照片可以看出海王星的一些重要特性：首先海王星被一层厚厚的云团包裹着，有些地方还发现如地球大小的“大黑斑”。由于木星上的“大红斑”是由巨大风暴形成的，因而科学家推测，海王星保持着行星形成时留下的热量。这些热量扰乱了遮盖海王星的寒冷气体使其动荡，产生时速高达 1 100 千米的飓风，于是形成了“大黑斑”。其次，是海王星的磁极偏离其地理磁极 50 度（而地球只偏离 10 度）造成的。经研究认为：海王星的大气下层有一层像水一样具有传导性的流体，海王星的磁性可能就是由这些流体产生的。当行星内部的热量或其他动力使这种流体以某种特定的方式流动时，只要流体的流向不与地理磁极垂直，则它所产生的磁极就会偏离地理磁极。海王星的另一个特点和天王星一样，就是极地和赤道的温度几乎相同，都比中纬度地区高。对于天王星而言，造成这种奇异现象的原因是它的旋转轴每年的某个时期是向着太阳的。但海王星的旋转轴并不向着太阳，因此，天文学家认为海王星肯定存在某些特殊结构，才会出现这一令人费解的现象。

如果天文学家对海王星的现象感到吃惊的话，那么他们对海王星那颗巨大的卫星“海卫一”简直要惊得目瞪口呆了。海王星虽然是太阳系最冷的天体，但却有火山活动，而且火山坑星罗棋布。从照片上可以看出，海王星表面剧烈喷发着高达 8 千米的气体，分析认为，这种由氮和其他气体组成的令人惊奇的喷泉是由“海卫一”内部喷发出来的。此外，“海卫一”也是继“土卫六”后第二个有极光的卫星。由于极光是带电粒子通过大气时大气分子电离所产生的，由此可知“海卫一”也存在大气层。

图 5－24　海卫一

在大量的“海卫一”信息中，最令人兴奋的并不是“海卫一”本身，而是它所带来的信息。“旅行者 2 号”已不能再去访问冥王星了，但由于“海卫一”和冥王星的大小和密度都相似，也许它们的表面和大气也相似，因而通过“海卫一”可以间接了解冥王星。

5.3.5 柯伊伯带和奥尔特云

如果阅读本书是一次太阳系的旅程，那么现在我们已经来到了太阳引力的边缘地带。这里曾被认为空无一物，然而随着天文观测和探测技术的进步，这一区域的神秘面纱被逐渐揭开。

（1）柯伊伯带

柯伊伯带是太阳系在海王星轨道外侧的黄道面附近、天体密集的中空圆盘状区域。柯伊伯带最初是由爱尔兰裔天文学家伦纳德提出，并在十年后再由另一位天文学家柯伊伯再度提出。

柯伊伯带的复杂结构和准确的起源尚不清楚，据推测是来自太阳原行星盘上的碎片，因此天文学家在等待“泛星计划”望远镜巡天的结果，届时应该会发现更多目前不知道的柯伊伯带天体，并在测量后对它们有更多的了解。

柯伊伯带的位置处于距离太阳 40～50 天文单位低倾角的轨道上。该处过去一直被认为空无一物，是太阳系的尽头所在。但事实上这里满布着直径从数千米到上千千米的冰封微行星。柯伊伯带是现在我们所知的太阳系的边界，是太阳系大多数彗星的来源地。自从冥王星被发现，就有天文学家认为冥王星应该排除在太阳系的行星之外，而由于冥王星的大小和柯伊伯带内较大的小行星大小相近，20 世纪末更有主张将其归入柯伊伯带小行星的行列当中；而冥王星的卫星则应被当作是其伴星。2006 年 8 月，国际天文学联合会将冥王星剔出行星类别，并和谷神星及新发现的阋神星一起归入新分类的矮行星。

（2）奥尔特云

在日球层顶之外，太空像是一杯由稀薄气体和尘埃混合而成的鸡尾酒，主要成分是宇宙诞生时候产生的氢气和氦气，但是不时地会在宽阔的轨道中遇到一些大冰块，这些冰块绕太阳一周需要耗费上千年的时间。在太阳系最边缘处的这些物体群、彗星群，我们称之为奥尔特云，这里是太阳系所有彗星的诞生地，这个区域布满了彗星。

对于奥尔特云的形成，科学界众说纷纭，但近年来，天文学家认为奥尔特云是 50 亿年前形成太阳及其行星的星云残余物质，并包围着太阳系。最广为人们接受的假设是：奥尔特云在比柯伊柏带更接近太阳的地区形成，与其他行星及小行星相似，但是由于它们经常被大行星的引力影响，随后被仍年轻的大型气体行星诸如木星等天体的强大引力逐出太阳系内部，使它们拥有呈椭圆或抛物线状的轨道，并散布于太阳系的最外层。同时这个过程也把它们的轨道偏离黄道面，并形成奥尔特云呈球状的形态。这个理论解释了为何奥尔特云不像柯伊柏带和八大行星的轨道一样接近黄道面，而是呈独特的圆球状。2005 年，新的理论（尼斯理论）认为奥尔特云物体和柯伊伯带物体可能同时在柯伊伯带形成，之后才因行星扰动而分散到目前的轨道。奥尔特云究竟是如何形成的，还需要我们不断去探索。

5.4 太阳系的其他成员

5.4.1 矮行星

2006 年 8 月 24 日，在捷克首都布拉格举行的第 26 届国际天文学大会上确认了矮行星的称谓与定义，决议文对矮行星的描述如下：以轨道绕着太阳、有足够的质量以自身的重力克服固体应力、未能清除在近似轨道上的其他小天体、不是行星的卫星，或是其他非恒星的天体。并把三颗已知的天体——冥王星、原为 1 号小行星的谷神星与柯伊伯带天体阋神星划入矮行星之中。冥王星从行星改列为矮行星，是因为它未能清除柯伊伯带上邻近的小天体，而矮行星将选自传统中被认为是较小天体的小行星。目前被确认的矮行星有五个：谷神星、冥王星、阋神星、鸟神星、妊神星。

（1）谷神星

谷神星是小行星带中最大的天体，也是小行星带中唯一的矮行星。它的直径接近 1 000 千米，因此其自身的引力已足以使它成为球体。它在 19 世纪初被发现时被认为是一颗行星，在 19 世纪 50 年代因为有更多的小天体被发现才重新分类为小行星；在 2006 年，又再度重新分类为矮行星。

（2）冥王星

1930 年 1 月，冥王星由克莱德·汤博根据美国天文学家洛韦尔的计算发现，并以罗马神话中的冥王普路托（Pluto）命名。它曾经是太阳系九大行星之一，但后来被降格为矮行星。它与太阳的平均距离为59亿千米，直径2 300千米，平均密度0.8×10^3千克/米^3，质量1.29×10^{22}千克。它的公转周期约为248年，自转周期为6 387天。它的表面温度在－220 ℃以下，表面可能有一层固态甲烷冰，暂时发现有3颗卫星。

（3）阋神星

阋神星（代号136199）曾被传为太阳系第十大行星“齐娜”。它比冥王星稍大，但是轨道却是冥王星到太阳距离的两倍。跟冥王星一样，阋神星也有一颗卫星，在国际天文联合会议上该卫星被正式命名为戴丝诺米娅。阋神星的轨道位于海王星外的柯伊伯带。阋神星是在2003年被发现的，其主要成分是冰和甲烷。

（4）鸟神星

鸟神星（代号136472）正式的名称是Makemake，是太阳系内已知的第三大矮行星，也是柯伊伯带天体族群中最大的两颗之一。它的直径大约是冥王星的3/4。鸟神星没有卫星，因此它是一颗孤独的外海王星天体。它的平均温度很低（大约－243 ℃），表面覆盖着甲烷并且可能有甲烷冰的存在。2008年11月，国际天文联合会将鸟神星列入类冥矮行星。

（5）妊神星

妊神星是一颗新近发现的大型柯伊伯带天体，西班牙塞拉内华达天文台天文学家胡斯·路易斯·奥蒂斯和同事在重新分析2003年的数据时发现该天体，并在2005年7月29日公布其发现。同时，在加州理工学院一个由米高·布朗领导的小组对该天体观测已近一年，但并没有对外公布。布朗也对奥蒂斯等人的发现加以表扬，并把天体称为“圣诞老人”，意即他们曾于圣诞节期间观测到它。

2006年9月7日，妊神星被国际小行星中心正式编号为小行星136108号。2008年9月17日，国际天文学联合会将该小行星归类为第五颗矮行星。

5.4.2 小行星

在发现谷神星之后，科学家很惊讶地发现很多其他天体的轨道都位于火星和木星之间。如1802年发现的“智神星”，1804年发现的“朱诺星”，1807年发现的“灶神星”等。它们不是真正的行星，因为它们太小了，所以威廉姆·赫胥尔给它们起了一个新名字——小行星。

图 5－25 小行星带在太阳系中的位置

随着小行星数量的增长，人们发现它们在太空中分布成一条宽宽的“光带”，叫作“小行星带”。太空中出现的这些小行星，让人们不由自主地想到了一个问题：为什么在火星和木星之间没有一颗大行星，而是难以计数的小行星？那里到底发生了什么怪事？

关于它们的成因，科学家们曾有过种种假设，多数人认为，如此众多的小行星呈带状分布在火星与木星之间，不可能是由一颗大行星爆炸而产生的。在太阳系形成的初期，由于某种原因，在火星和木星运行的轨道间的空当地带，没能形成一颗大的行星，而产生了一群小行星。我们现在所能观测到的小行星带，只是当初形成小行星的残余。

这些小行星呈带状沿着椭圆形轨道绕太阳旋转，形成了一个椭状小行星带。目前，已经掌握运行轨道、编号命名的小行星有 3 000 多颗，其中有 40 多颗是我国天文学家发现的。围绕太阳旋转的小行星属于行星类天体，最大的小行星的直径仅相当于月球半径的 1/5。一般小行星直径在 70 千米以内，一些小的直径只有 200 米。

小行星一般质量和体积都较小，未经历千度以上的热过程。所以，作为太阳系中长期“冷藏”的“化石”，它们保持着大量太阳系形成初期的信息。这对我们研究太阳系行星演化和地球科学都具有非常重要的意义。开发小行星对航天事业也非常重要。宇航员们可以将小行星带作为探索其他行星的天然空间渡船或将这些小行星作为火箭发射基地（因为火箭脱离小行星时速度的要求要比地球低得多）。另外，小行星上的资源也十分丰富，例如一颗金属小行星上的铁、镍等物质有数亿吨之多。更为诱人的是，一些小行星上水的含量竟是地球总水量的20%，这对宇航员来说是非常重要的。

对于人类来说，最大的自然灾害莫过于小行星撞击地球了。1993 年6 月，科学家们发现了一个新的小行星带，其中有许多直径小于50 米的小行星正沿着离地球很近的轨道在绕日运行。有人担心它们会对地球构成威胁，但科学家经过计算后表明，这些直径小于50 米的任何小行星在进入大气层后都会燃烧殆尽，因此不会给地球带来任何灾难。

5.4.3 彗星

彗星俗称“扫帚星”，被迷信的人们认为是“灾难之星”。它经常突然“横空出世”，拖着一条别致的长尾巴，在夜空悠然而过（有时可能有两条尾巴，即“双尾彗星”，让一些疑心重重的人更觉得“灾难深重”）。但在现代天文学家眼里，它只不过是宇宙里一个孤独的“流浪汉”。

到了近代，天文学家已经能够比较准确地预报一些彗星的回归时间，但迷信仍然大有市场。哈雷彗星是第一颗被准确预言回归的彗星，英国天文学家哈雷计算出它每隔大约76 年会按时回归地球一次。1835 年哈雷彗星如期回归时，有人把它同世界许多地方出现的自然灾害联系起来。如在日本发生了“天保大饥荒”（德川幕府时代最大的饥荒），有二三十万人饿死，饥荒还引起了全国性的大暴乱。也有人把1910 年哈雷彗星的回归，同日本东京发生的明治时代最大的水灾胡乱联系起来。在欧洲，人祸胜于天灾的情形更加明显。当天文学家宣布1910 年5 月19 日哈雷彗星的回归时，欧洲一些国家出现了恐慌。人们居然相信彗星是有毒的，如果它扫过地球上空，人就会被毒死。一些神父乘机蛊惑人心，宣扬“世界末日”来临，要求人们赶紧祈求上帝的宽恕。可笑的是，竟然有人因恐惧自杀。可结果如何呢？它对地球和人类没有丝毫破坏，人们只是虚惊一场。

彗星在“冤屈”之中度过了漫长的岁月。随着实践和认识的进步，今天人们

图 5－26　哈雷彗星

不再以恐惧的眼光来看待它。那么，彗星的真实面目究竟是如何的呢？古代人们描绘的彗星形态是奇形怪状的，但这些描绘都不是彗星的真实形态。随着科学技术的发展，有了照相技术和宇宙飞船、人造卫星等探测设备，我们对彗星有了更加正确的认识。彗星是太阳系中一种云雾状的小天体，一般包含彗核、彗发、彗尾三部分。中央比较明亮的是彗核，彗核周围是云雾状的彗发。随着与太阳之间距离的不同，彗星的形状也在不断的变化。只有当它接近太阳的时候，彗星才在很短的时间内“长”出尾巴。彗尾一般是朝着背离太阳的方向延伸，这一点中国古代的科学家早就已经认识到了。所谓“夕现则东指，晨现则西指”，就是对彗尾的描述。

16 世纪德国天文学家开普勒形象地打了一个比喻：“彗星在天空里就像鱼在大海里那样多。”这也许有些夸张，但科学家们已经观测到成百上千颗彗星，只是我们用肉眼不能看到那么多罢了。也许有人会担心，有朝一日某颗彗星会像“苏梅克－利维 9 号”彗星撞击木星那样与我们的地球相撞，这样一来，地球不也会翻江倒海吗？其实，这是不必要的担心。广漠的宇宙空间里，彗星同地球相遇的机会很小，即使相撞，那“粉身碎骨”的也必定是彗星了。因为彗星的体积尽管如此庞大，但它的质量却小得出奇，密度自然也很小，只有空气密度的十亿亿分之一。这种看得见的“虚空”，又怎能与地球一比高低呢？

彗星本身并不神秘。但是它是什么时候、在什么地方、从什么物质、经过怎样的过程形成的，却是引人入胜的问题，也是没有揭开的谜。关于彗星的起源问题，众说纷纭。其中比较著名的是“原云假说”，是由荷兰天文学家奥尔特提出的。他认为在太阳系边缘地区，存在着一个原始彗星的“仓库”——原云。当彗星受到其他恒星的作用力而脱离原云进入太阳系内层的时候，就成为我们看到的彗星了。也有人认为，彗星是由小行星相互碰撞产生的碎片形成的。还有人认为，彗星可能是由行星爆炸抛出的物质形成的。

对彗星起源的假说还有很多，但都不完整。这些谜还有待于今后进一步探测才能找到答案。

我们今天看到的太阳系是早期混沌状态最终的幸存者。伴随时空演进，混沌状态还会卷土重来，到那时整个太阳系将会彻底瓦解。人类对太阳系的研究已经取得了许多成果，诸如太阳系的构成、起源、太阳的结构、八大行星以及其他成员。对宇宙的探索可以追溯到人类文化的萌芽时代。古人的智慧结晶启迪我们无尽的思考，指引我们不断地发现，去证实和探索新的未知世界。人类利用智慧创造未来科技，相信应该也一定能够带领我们不断地走出太阳系，去拥抱那神秘而广袤的宇宙。

6 宇宙的探索

伟大的波兰天文学家哥白尼有一句名言："人类的天职是勇于探索。"浩瀚的宇宙蕴藏着无穷的奥秘，吸引着无数的科学家和爱好者为之求索探秘。因为人类和地球都是宇宙的臣民，它的生存发展离不开宇宙间的日月星辰。

天文学的诞生和发展是与人类社会需求和科学技术的进步分不开的。早在原始农业时期，当人们发现季节变化与天文现象有关而开始有意识地观测天象时，天文学就诞生了。人们通过观察天体的运动、月亮的盈亏等认识星空、编制历法，有力地促进了生产力的发展。在经历了漫长的肉眼观星时代后，1609 年伽利略首先把望远镜指向天空，开启了天文学使用望远镜观测、系统研究天象的全新时代；19 世纪中叶，随着天体摄像和光分技术的发明，诞生了天体物理学，天文学产生了新的飞跃；20 世纪初，随着探测器和航天技术的发展，天文学进入到了一个全新的阶段。神秘宇宙的面纱终于慢慢地在我们面前揭开了冰山一角。

6.1 宇宙探测

6.1.1 人类探测宇宙的历程

(1) 望远镜开拓人类的视野

1608 年，荷兰眼睛制作商列伯斯在一次偶然的机会中发明了望远镜。1609 年意大利物理学家、天文学家伽利略在得知这一消息后，很快弄清了其原理，亲手制作了第一架望远镜，并不断加以改进。伽利略利用他的望远镜观测到了月球表面的环形山、金星位相和太阳黑子，发现了木星的四颗卫星、茫茫银河中无数的恒星组成等。当年伽利略刚刚把它的第一架望远镜指向天空，就发现了很多用肉眼看不见的恒星。望远镜的使用使人类的视野大大扩展，并使人们有可能重新构思宇宙的结构。后来人们每把望远镜改良一次，就能发现一大批更多、更暗的恒星。

1718 年，英国天文学家哈雷通过他的观测和分析古星图，首次指出恒星不动的概念是错误的。牛顿曾用他的天体力学理论论证彗星也是一种行星，是一种沿偏心率较大的椭圆轨道运行的一团云雾状物质，其运动也服从开普勒行星运动定律。1682 年 8 月，正当牛顿致力于解决开普勒遇到的几个问题时，夜空中出现了一颗明亮的大彗星，在彗星头部后面拖有一条弯弯的、引人注目的彗尾。哈雷对这颗又大又亮的彗星在星空中的位置及其逐日变化，做了认真的观测记录。望着天上的那颗大彗星，哈雷想起了牛顿，为了进一步确定该彗星的轨道，他拜访了牛顿，结果他们很快成为好朋友。当时，哈雷搜集了大量有关彗星的资料，考察了 300 多年来有关彗星的历史记载，编制了一张列有各彗星出现的时间、位置及运行路线的表。经过反复计算分析，哈雷认为这是一颗周期彗星，周期是 76 年，他大胆预言这颗彗星将在 1758 年底或 1759 年再一次回归近日点。哈雷本人于 1742 年逝世，享年 86 岁。1759 年 3 月，这颗彗星如期出现，基本符合哈雷的预言。后来人们为了纪念他，把这颗彗星命名为“哈雷彗星”。

（2）走出银河系

18 世纪中叶，莱特、康德和朗伯推测，满天的恒星和银河构成了一个巨大的天体系统。弗里德里希·威廉·赫歇尔采用取样统计的方法，用望远镜测出了天空中大量选定区域的星数以及亮星与暗星的比例，并在 1785 年首先获得了一幅扁而平、轮廓参差不齐、太阳在中心的银河系结构图，从而奠定了银河系概念的基础。在此后一个半世纪中，沙普利发现了太阳不在银河系中心，奥尔特发现了银河系的自转和旋臂，许多科学家对银河系直径、厚度进行测定，科学的银河系概念才最终确立。

18 世纪中叶，康德等人还提出，在整个宇宙中存在着无数像银河系那样的天体系统。当时看上去呈云雾状的“星云”很可能正是这样的天体系统。此后经历了长达170年的曲折探索历程，直到1924年才由哈勃用造父视差法测出仙女座大星云等的距离，进而确认了河外星系的存在。

到了19世纪，光谱分析开始运用在天文学中。1863年，英国业余天文学家、光谱分析术的先驱者哈金斯发现恒星光谱与太阳系物质光谱的相同性，证明了宇宙中物质成分的同一性。1864，哈金斯又从光谱分析中证实了弥散星云的存在。19世纪下半叶，通过观测恒星光谱的红移来确定天体运动的工作也已开始。

近半个世纪，人们通过对河外星系的研究，不仅发现了星系团、超星系团等更高层次的天体系统，而且使我们的视野扩展到大约200亿光年的宇宙深处。

（3）宇宙探测的热点

近年来，物理学家综合最新的宇宙探测资料，包括宇宙微波背景辐射、星系团、超新星等，得出惊人的推论：人类认知的宇宙实际上只占宇宙全部物质及能量总和的不到5%，也就是暗物质及暗能量占宇宙整体的绝大部分。为此，美国国家科学基金会及能源部委由17位知名物理学家组成的顾问委员会，规划了未来宇宙科学探索的目标。该委员会最后提出了具体建议，将下列几个物理基本问题作为21世纪探索宇宙科学的主要方向。

1）解开暗能量的奥秘。宇宙中充满的暗能量使宇宙得以持续加速膨胀，似乎应有一个能解释这种机制的量子理论做后盾。就目前所知，暗能量可能和提供物质质量的希格斯场有关。美国于2001年发射的宇宙微波探测卫星（WMAP），主要的目的就是观测宇宙诞生时就产生的并且至今仍被记录的微波辐射。由这个卫星收集到的资料显示，宇宙的时空几何形状是平面式的，宇宙的年龄是137亿岁，构成宇宙的成分中，可见的物体（银河、星体等）只占4%，暗物质占23%，其余73%全是暗能量。暗能量的发现充分地体现了人类认知过程又走进了一个新的领域，它向人们显示了这样的认知图景：宇宙中所占比例最多的反而是最迟也是最难为我们所知晓的。一方面人类现在对宇宙奥秘的了解越来越多，另一方面我们所要面对的未知也越来越多。而这日益深远的未知又反过来不断刺激着人类去探索宇宙的真相。

2）尚未发现的自然界定律。过去30年来，凭借量子力学的理论及实验验证，物理学家已建立起颇为成功的物质基本粒子标准模型，人们得以更了解物质、能量、时间及空间的物理定律及基本粒子。量子理论虽能成功地描述物质基本粒子的微观部分，却未能适用于宏观的宇宙科学，因此必须导入新的作用力及粒子才能克服应用上的问题。这似乎显示出，尚有其他自然界的定律没有被科学家发现，暗物质、暗能量等也应有自己的理论，这才能使物理定律体系更为完整。

3）更多纬度的空间。弦理论是一种更深层的物理理论。弦理论探讨的是多维时空，而我们现实空间只是三维的，加上时间也不过是四维时空，那么多维时空究竟有什么特性呢？如能证实这些额外的维度空间确实存在，将是人类历史上划时代的大事，除了能改变对宇宙起源及演化的了解外，也可能重塑我们对时空的固有观念。

4）基本作用力的来源。追本溯源，宇宙中所有的基本作用力及粒子都可能互有关联，并且所有的作用力可能源自单一的“大统一作用力”。如经证实，则爱因斯坦生前期望的“大统一理论”将得以实现。

为何有众多的基本粒子？为何已发现的夸克及轻子都各有三组家族成员？为何各组相对应的成员间彼此的质量差异颇大，但其他物理性质，如带电量、自旋等则相同？各粒子的功能、角色是什么？宇宙中全部基本粒子共有几种？能否找出规则，把所有基本粒子依序排列，如同把化学元素排列成化学周期表一样？或许各种基本粒子只是超弦理论不同形态的表现，又或许各种粒子可借“大统一力场”或其他尚未明了的自然法则理论来建立彼此的关联。

6.4.2 中国的宇宙探索

天文学在人类早期的文明史中占有非常重要的地位，是人类历史上最早出现的精密科学。中国是世界上天文学发展最早的国家之一，在战国、秦汉时期就已经形成了以历法和天象观测为主体的天文学体系。在二十四史中有专门的《历志》《律历志》及《天文志》记载这些资料。

在 1957 年 10 月苏联成功发射人类第一颗人造地球卫星后，1958 年 5 月，毛泽东主席发出“我们也要搞人造卫星”的伟大号召，同年 8 月将建造人造卫星列入发展规划，命名为“581”任务，并由中国科学院具体承担。为此，成立了以钱学森任组长、赵九章任副组长的“581”组，开展人造地球卫星单项技术研究工作。

1970年4月24日，中国发射“长征1号”火箭，将第一颗人造卫星“东方红一号”准确送入预定轨道，卫星向全世界播放《东方红》乐曲，宣布了中国已经进入太空领域，拉开空间探测的序幕，也标志着中国成为世界上第五个掌握自主研制并发射人造地球卫星技术的国家。

图6-1 “东方红一号”卫星

1975年8~10月在钱学森主持下召开了全国第一次遥感规划筹备会议，标志着遥感探测正式成为国家重点发展项目。同年，我国第一颗返回型人造地球卫星发射成功，成为世界上第三个掌握卫星返回技术的国家。1984年通信卫星“东方红二号”发射成功，标志着中国是世界上第五个能发射地球静止轨道卫星的国家。1985年长征系列运载火箭投入市场，先后为一些国家发射了卫星。

1992年中央军委批准载人飞船工程，中国的载人航天工程正式启动。1999年11月21日凌晨3时41分，中国发射的第一艘试验飞船“神舟一号”在完成了空间飞行试验后，在内蒙古自治区中部地区成功着陆。截至2002年，我国成功地进行了4次无人飞船的发射和回收试验，为载人航天进行了多方面的充分准备，同时进行了包括对地观测在内的多项科学实验。

2000年11月22日，我国政府首次公布了航天白皮书，第一次提出要“开展以月球探测为主的深空探测的预先研究”。经过专家的反复研究论证，确定中国月球探测工程，将分“绕”“落”“回”3个发展阶段实施。

图 6 – 2　中国首位航天员——杨利伟

2003 年 10 月 16 日，“神舟五号”载人航天飞船在内蒙古主着陆场成功着陆，航天员杨利伟在近地轨道完成绕地球飞行 14 圈后，自主出舱。中国首次载人航天飞行取得圆满成功，标志着中国空间探测进入新的历程。

图 6 – 3　“嫦娥一号”卫星

2007 年 10 月 24 日，中国首颗探月卫星“嫦娥一号”承载着中华民族千年的奔月梦想从西昌卫星发射中心发射升空，11 月 5 日准确进入月球轨道，11 月 26 日，中国第一幅月球可见光图片完美亮相。这是继人造卫星、载人航天之后，中国航天活动的第三个里程碑。

6.4.3　国外的宇宙探索

在古代，人们只能用肉眼观测天体。2 世纪时，古希腊天文学家托勒密提出的地心说统治了西方对宇宙的认识长达一千多年。直到 16 世纪，波兰天文学家哥白尼才提出了新的宇宙体系理论——日心说。到了 1609 年，意大利天文学家伽利略独立制造折射望远镜，首次用望远镜看到了太阳黑子、月亮上的环形山、木星的卫星和银河里密密麻麻的星星，从此天文学跨入了用望远镜观测、系统研究天象的全新时代。

开普勒、第谷等人的观测和研究，牛顿力学的发展特别是万有引力定律的应用，使天文学从单纯描述天体的运动状况发展到研究天体之间相互运动原因的新阶段，这在天文学的发展历史上是一次巨大的飞跃。

19 世纪中叶天体摄像和分光技术的发明，使天文学家可以进一步地研究天体的物理性质、化学组成、运动状况和演化规律，从而更加深入到问题的本质，从而也产生了一门新的分支学科——天体物理学。这又是天文学上一次重大的飞跃。

进入 20 世纪后，随着探测器和空间技术的发展，天文学观测从可见光、射电波段扩展到包括红外、紫外、X 射线和 γ 射线在内的电磁波的各个阶段，形成了多波段天文学，并为探索各类天体和天文现象的物理本质提供了强有力的观测手段，天文学发展到了一个全新的阶段。

1957 年 10 月 4 日，苏联发射了人类第一颗人造卫星，宣告了人类进入太空时代。1960 年 4 月，美国发射的泰罗斯卫星（电视与红外观测卫星）标志着人类对人造卫星的应用已经从对地观测开始；1961 年 4 月 12 日，苏联航天员加加林乘坐“东方 1 号”首飞太空，使人类真正走出了地球的摇篮；1965 年 7 月 15 日，美国“水手 4 号”飞船飞近火星，获取部分火星表面照片；1969 年 7 月 24 日，美国航天员阿姆斯特朗乘坐“阿波罗 11 号”飞船登月成功，迈出了人类历史性的一步；1959 年到 1967 年，苏联陆续发射多颗月球探测器，成功获取月球背面图像，制作了详细的月貌图，并以苏联科学家、城市和研究机构的名字命名了许多可见构造。1968 年公布的 1∶1 000 000 月貌图得到了国际天文学联合会的批准，成为国际标准；1989 年 10 月，美国发射“伽利略号”飞船在经过 6 年的太空旅行后，于 1995 年 12 月飞入绕木星轨道，并对木星及其卫星进行了 7 年的详尽探测；2004 年，美国的“勇气号”和“机遇号”火星探测器成功登陆火星表面，对火星地貌、大气、地质构造进行的研究表明，火星上不存在液态水和高等生命。

图6－4 光学望远镜

图6－5 射电望远镜

近50年，人类以地球探测为重点，累计发射成功8 000余颗卫星，目前约有2 000颗在地球轨道飞行。现在，人类对太阳系的构造、形态和来源，已有了比较完整地认识。

如今，空间探测已形成全面的体系。探测平台由低到高，发展出探空火箭、航空器（飞机）、近地空间平台（飞艇）、轨道飞行器（卫星）等。搭载的主、被动有效载荷工作频段从可见光、红外到微波（含毫米波及亚毫米波），几乎覆盖整个电磁波谱段。探测的方式有：绕探测对象行星的轨道探测器，特别是对地探测器；近距离飞过探测对象或在其表面硬着陆，利用这一短暂的过程探测星体上的环境并拍摄星体地表照片；在探测对象表面软着陆，以固定或漫游车等方式进行探测、拍照、取样分析或将取得的样品返回地球，进行实验室分析；探测器在深空开展漫游式飞行，对途经的星体进行一系列短暂探测，直到飞出太阳系进入宇宙深处无法联系为止；推进探测器对星体进行撞击，通过观察激起的尘埃来研究星体的成分等。

6.2 航天科技

6.2.1 世界航天发展史

自从1957年10月4日世界上第一颗人造地球卫星升空以来，到1990年，苏联、美国、法国、中国等国家以及欧洲太空局先后研制出约 80 种运载火箭，修建了 10 多个大型航天发射场、先后发射成功 4127 个航天器。

目前，航天员在太空的持续飞行时间长达 438 天，有 12 名航天员踏上月球。到上世纪末，已有 5 000 多个航天器升空；有 100 多个国家和地区开展航天活动，利用航天技术成果或制定了本国航天活动计划。

（1）火箭技术发展史

火箭是在火药发明之后中国人发明的。但近代火箭是出现在第二次世界大战时的德国。早在 1932 年德国就发射 A2 火箭，后来研制的 V2 火箭把航天先驱者的理论变成现实，是现代火箭技术发展史的重要一页。

1957 年 10 月，苏联发射了世界上第一颗人造地球卫星，从而揭开了现代火箭技术新的一页。

美国于 1954 年制定人造卫星计划，1958 年 2 月 1 日用“丘比特”C 型火箭成功发射美国第一颗人造卫星。

1960 年 11 月 5 日，中国第一枚近程火箭发射试验成功。我国的“长征”系列运载火箭主要有 CZ－1（长征一号）、CZ－2、CZ－3、CZ－4 四种基本型运载火箭。

（2）卫星技术发展史

1957 年 10 月 4 日，苏联用“卫星号”运载火箭把世界上第一颗人造地球卫星送入太空，这是世界第一个人造天体，开创了人类航天史的新纪元。

人造地球卫星出现之后，20 世纪 60 年代苏联和美国发射了大量卫星，70 年代军、民用卫星全面进入应用阶段，80 年代后期新兴的单一功能的微型化、小型化卫星是卫星发展的新动向。除美、苏外，中国、日本等国都拥有自己研制的卫星。

（3）空间探测技术

空间探测的主要目的是：了解太阳系的起源、演变和现状；了解太阳系的变化历史；探索生命的起源和演变等。空间探测器实现了对月球和行星的近距离观测和直接取样探测。

月球探测：月球是地球唯一的天然卫星，自然成为空间探测的第一个目标。美国和苏联自 1958 年至 1976 年 8 月共发射 83 个无人月球探测器，此后就再也没有发射过无人月球探测器。但近年来世界上又掀起了探索月球的热潮。

图 6－6　月球探测器

行星际探测：人类曾长期借助天文望远镜观测行星表面的细节，发现了土星光环、木星卫星和天王星；随着时间的推移，人们在地面隔着大气层观测行星，已经不能满足对行星深入研究的需求。科学家们研制的行星际探测器为行星际空间的研究提供了新的手段。

自 1960 年至 1978 年美、苏、德共发射了 63 个行星际探测器。美欧联合研制的“哈勃空间望远镜”于 1990 年 4 月发射升空，它观测到大约 13 670 个天体，向地球发回了黑洞、宇宙诞生早期的“原始星系”、彗星撞击木星等许多壮观的图像，为科学研究提供了大量依据。

图 6－7　哈勃望远镜

（4）载人航天科技发展史

苏联自 1961 年 4 月到 1970 年 9 月共发射了 17 艘载人航天飞船，1971 年到 1982 年发射了 7 艘“礼炮号”空间站，截至 1985 年还发射了 27 艘载人航天飞船和25艘无人飞船，1986年发射了“和平号”空间站。

美国自1961年5月至1966年11月共发射了16艘载人航天飞船，1967年至1972年共发射了14次“阿波罗”飞船，1973年发射了“天空实验室”并和“阿波罗”飞船进行对接。1993年9月美俄两国达成协议合作建造国际空间站，并在2006年完成。2001年，美国宇航发烧友蒂托进入国际空间站俄罗斯舱遨游8天，成为地球旅客航天游的第一人。

6.2.2 中国载人航天发展史

（1）早期的探索

很久以前，中国人就有飞出地球、探知太空奥秘的愿望，我国古代的不少神话故事便是这个愿望的突出反映，其中最典型的就是嫦娥奔月的故事。我国历史上第一个试验乘火箭上天的人是15世纪中国官员万户，史书上有这样的描述：万户将两个大风筝并排装在一把椅子的两边，然后在椅子下面捆绑了火箭，万户坐在椅子当中并点燃火箭想借此飞上天空，但最后不幸失败。

（2）当代航天的飞跃

1986年，中共中央、国务院把航天技术列为我国高新技术研究发展的重点之一。自此，我国的载人航天工程正式启动。卫星方面，从发射“东方红一号”开始，中国相继研发并发射了“风云”“北斗”等一系列不同用途的卫星。运载火箭方面，中国自主研发的“长征”系列运载火箭已经成为世界运载火箭大家族中的明星。

1986年，我国的载人航天工程正式启动。1999年11月20日，我国成功发射了自行研制的第一艘宇宙飞船“神舟一号”，成为世界上第三个发射宇宙飞船的国家。中国第一艘载人宇宙飞船“神舟五号”顺利升空并安全返回，实现了中华民族千年飞天的理想。它也打破了美国和俄罗斯在这一领域的垄断格局。“神舟六号”“神舟七号”相继上天，完成了多人同时“上天”开展出舱实验等一系列突破。2011年10月更是发射了中国第一个自主研发的载人空间站的核心舱“天宫一号”。2012年6月“神舟九号”搭载了3名宇航员，我国首位女宇航员刘洋进入了太空。“天宫一号”与“神舟八号”“神舟九号”在太空中成功对接，为建立中国空间站打下了基础。

图 6-8 “神舟八号”与“天宫一号”空间对接

中国载人航天工程办公室副主任王兆耀表示，2020 年前后中国将建成载人空间站，这是中国独立自主发展载人航天技术的计划，该计划一贯倡导在互相尊重、平等互利、透明开放的原则下开展、加强国际合作与交流。

（3）中国空间站未来发展

在先后掌握了载人飞船和货运飞船、空间对接与航天器长时间自主运行、航天员中期驻留等技术后，中国将在 2017 年以后开展大型、长期有人照料的空间站的建设工作，预计 2020～2022 年建成。

6.2.3 国外航天发展战略

（1）美国

1978 年美国颁布了第一部国家航天政策，至今已颁布了国家航天政策、商业遥感政策、航天运输政策、商业发射政策等。

美国的军事航天活动由国防部统管，国防部负责在国家航天政策的框架下制订美国各时期的军事航天政策。NASA 是美国民用航天活动的主管部门，负责在国家航天政策框架内根据年度航天预算，制定美国的民用航天发展规划。2004 年 1 月，美国提出了雄心勃勃的重返月球计划，该计划提出的三个目标是：①2010 年前完成国际空间站计划，履行对 15 个合作国的承诺；②2008 年前研制并试飞新型乘员探测器（CEV），2014 年前用 CEV 实施载人航天飞行任务，2010～2014 年继续采用俄罗斯“联盟号”飞船；③ 2008 年前发射月球无人探测器，2015～2020 年实施载人登月计划，并以此作为未来载人火星探索的“跳板”。

NASA 战略计划主要包括：民用航天中长期发展规划、各战略领域的发展规划以及 NASA 所属各航天中心的项目实施计划。NASA 每 3 年修订一次长期发展规划，每 1 ~3 年修订一次各战略领域的中长期发展规划和各航天中心的项目实施计划。

（2）俄罗斯

航天工业是俄罗斯工业领域中少数几个在全球享有一定声望的领域，是凸显其大国地位、维护国家利益的关键所在。俄罗斯航天战略包括：航天法规、国家航天政策和航天发展计划。

1993 年 8 月，俄罗斯颁布了《俄联邦航天活动法》，1996 年对其进行了修订。该法旨在强化航天活动的法制，突出航天活动为社会经济和国防服务的双重目的。近 10 年来，为推动航天工业的发展，俄罗斯政府颁布了多部航天法律法规。1993 年 4 月，俄罗斯政府颁布了《俄联邦航天政策优先权》的航天政策，2000 年普京总统再次提出：政府将把支持国有航天企业作为国家政策的重点，把恢复俄罗斯世界航天大国和军事强国的地位作为本届政府施政纲领的首要任务。

俄罗斯的军事航天活动始终以国家安全为目的。俄罗斯政府认为，军事航天能力更多地体现了俄罗斯大国地位和战略潜力。进入 21 世纪，普京总统提出了航天工业的发展宗旨：压缩规模、优化结构、提高质量，加速部署新的洲际弹道导弹系统，保持航天领域的关键技术优势。

利用航天技术带动俄罗斯经济全面复苏是政府施政的目标。2003 年 7 月，俄罗斯制订了 2006 ~2015 年航天发展规划，该规划提出的发展目标是：①将航天工业的财政预算、产品和技术资源列入俄联邦航天规划；②在国家支持下，尽可能实现航天活动的商业化；③缩短航天技术研发周期并降低成本；④扩大国际合作。该规划优先发展的领域有：卫星通信、遥感、科学研究、卫星导航、载人航天、微重力研究、运载火箭、发射场与试验基地、控制设施、先进技术、应用科学与系统研究等。

（3）欧盟

欧洲航天政策主要包括：航天发展战略、航天框架协议、航天技术战略、欧洲航天计划和各成员国的航天计划。2000 年前，欧盟和欧洲太空局都各自实施其航天政策。欧盟侧重军事航天领域，欧洲太空局侧重民用航天领域。2000 年 11 月，双方联手制定了第一个欧洲航天战略，2001 年 7 月，制定了第一个“面向欧洲的航天政策”。

2003 年 11 月，欧盟和欧洲太空局联合签署了《航天白皮书：实施欧洲航天政策的行动计划》（简称白皮书）。其提出的发展目标是：①要为建设知识社会和提升欧洲工业的竞争力做贡献；②要支持可持续发展，实现在气象、海洋和植被等领域的全球监测，在 2008 年建成“全球环境与安全监测系统”（GMES），这是实现统一欧洲航天政策的关键；③要改善公众安全服务，重视空间应用有助于欧洲保持战略独立性和经济竞争力。白皮书将分两步实施：2004～2007 年，实施欧盟与欧洲太空局的框架协议；2007 年后启动欧洲大陆协议，以使欧盟及成员国共享航天资源和竞争优势。

欧洲航天技术战略由欧洲太空局负责制定，包括欧洲太空局、各成员国航天局和工业界的航天技术战略。2003 年 6 月，欧洲太空局第三次修订了航天技术战略，其实施路径是：由欧洲太空局工业政策委员会对其技术总体计划、各成员国的技术计划以及欧盟的技术计划协调后，形成欧洲航天技术总体计划。

6.3　天文史上重要人物

6.3.1　国外天文史上的重要人物

（1）托勒密

托勒密是古希腊杰出的天文学家、地理学家和光学家，在天文学上做了很多开创性的工作，对天文学的发展做出了重大贡献。

托勒密一生著作甚多，其中《天文学大成》主要论述了他所创立的地心说，认为地球是宇宙的中心，且静止不动，日、月、行星和恒星均围绕地球运动。他是世界上第一个系统研究日月星辰的构成和运动方式并有所成就的科学家。此书被尊为天文学的标准著作，直到 16 世纪哥白尼的日心说发表，地心说才被推翻。他的另一重要著作《地理学指南》主要论述地球的形状、大小、经纬度的测定，以及地图的投影方法，是古希腊有关数理地理知识的总结。书中附有27幅世界地图和26幅区域图，后人称之为托勒密地图。他制造了供测量经纬度用的类似中国浑天仪的仪器和角距仪；通过系统的天文观测，编有包括1 028颗恒星的位置表，测算出月球到地球的平均距离为29.5倍于地球直径，这个数值在古代是相当精确的。他对几何学也有研究，著有《光学》等。

托勒密的天文学著作经阿拉伯学者之手为欧洲所知之后，又在欧洲保持了长时间的影响力，至少延续到16世纪。在讨论托勒密的历史功绩及影响时，虽然有一些观点很容易使人误入歧途，但他在天文发展史上的贡献是毋庸置疑的。

（2）哥白尼

哥白尼是波兰著名天文学家，日心说的创立者，现代天文学的创始人。

哥白尼1473年出生于波兰。40岁时哥白尼提出了日心说，并经过长年的观察和计算完成了他的伟大著作《天球运行论》。直到哥白尼临近古稀之年才终于决定将这本书出版。《天球运行论》的第一卷是全书的精髓，先后论述了“宇宙是球形”“大地也是球形的”“天体的运动是均匀永恒之圆运动或复合运动”。

哥白尼的“日心说”沉重地打击了教会的宇宙观，这是唯物主义和唯心主义斗争的伟大胜利。它使天文学从宗教神学的束缚下解放出来，自然科学从此获得了新生，这在近代科学的发展上具有划时代的意义。哥白尼是欧洲文艺复兴时期的一位巨人，他用毕生的精力去研究天文学，为后世留下了宝贵的遗产。

（3）伽利略

伽利略是意大利物理学家、天文学家和哲学家、近代实验科学的先驱者，被称为“近代科学之父”。其成就包括改进望远镜并将之运用在天文观测中，支持哥白尼的日心说等。

1609年，伽利略自制了天文望远镜（后被称为伽利略望远镜），并用来观测天体。他发现了月球表面的凹凸不平，并亲手绘制了第一幅月面图。1610年1月7日，伽利略发现了木星的四颗卫星，为哥白尼学说找到了确凿的证据，标志着哥白尼学说开始走向胜利。借助望远镜，伽利略还先后发现了土星光环、太阳黑子、太阳的自转、金星和水星的盈亏现象、月球的周日和周月天平动以及银河是由无数恒星组成的等。这些发现开辟了天文学的新时代。

伽利略著有《星际使者》《关于太阳黑子的书信》《关于托勒密和哥白尼两大世界体系的对话》《关于两门新科学的谈话和数学证明》和《试验者》等。

为了纪念伽利略的功绩，人们把木卫一、木卫二、木卫三和木卫四命名为伽利略卫星。人们争相传颂："哥伦布发现了新大陆，伽利略发现了新宇宙。"史蒂芬·霍金曾说："自然科学的诞生要归功于伽利略，他在这方面的功劳大概无人能及。"

（4）开普勒

开普勒是德国著名的天体物理学家、数学家、哲学家。他首先把力学的概念引进天文学，他还是现代光学的奠基人，制作了著名的开普勒望远镜。他发现了行星运动三大定律，为哥白尼创立的"太阳中心说"提供了最为有力的证据。他被后世誉为"天空的立法者"。

为纪念开普勒在天文学上的卓著功绩，上述的行星运动三大定律被称为"开普勒定律"。开普勒定律在天文学上有十分重要的意义：首先，开普勒定律在科学思想上表现出无比勇敢的创造精神。人们之前对天体遵循完美的均匀圆周运动这一观念，从未有过怀疑，开普勒却毅然否定了它，这是个非常大胆的想法。其次，开普勒定律彻底摧毁了托勒密的本轮系，把哥白尼体系从本轮系的桎梏下解放出来，为它带来充分的证据。第三，开普勒定律使人们对行星运动的认识更加明晰。

开普勒所处的年代正值欧洲从封建主义社会向资本主义社会转变的时期。在科学与神权的斗争中，开普勒坚定地站在了科学的一边，用自己孱弱的身体、艰苦的劳动和伟大的发现来挑战封建传统观念，推动了唯物主义世界观的发展，使人类科学向前跨进了一大步。马克思高度评价了开普勒的品格，称他是自己所喜爱的英雄。

（5）牛顿

牛顿是英国伟大的数学家、物理学家、天文学家。他在数学和物理学上的伟大成就毋庸置疑，就天文学而言，他发现了万有引力定律和经典力学，这对天文学的发展有着重大意义。

万有引力的发现是17世纪自然科学最伟大的成果之一。它把地面上物体运动的规律和天体运动的规律统一了起来。它第一次揭示了自然界中的一种基本相互作用规律，在人类认识自然的历史上树立了一座里程碑。1846 年海王星的发现完美地证实了万有引力定律的正确性，海王星因此也被誉为“笔尖下发现的行星”。

图6-9　牛顿

虽然随着物理学的发展，经典力学的局限性暴露出来，但不可否认的是，它简洁完美地解决了宏观低速物体的运动，且对于一般的天体运动也做出了正确的描述。

牛顿是个十分谦虚的人，从不自傲自大。曾经有人问牛顿：“你获得成功的秘诀是什么？”牛顿回答说：“假如我有一点微小成就的话，没有其他秘诀，唯有勤奋而已。”这种谦虚的品质值得每一个科学工作者学习。

（6）哈勃

美国天文学家哈勃是研究现代宇宙理论最著名的人物之一，是河外天文学的奠基人。他发现了银河系外星系存在及宇宙在不断膨胀，是银河系外天文学的奠基人和提供宇宙膨胀实例证据的第一人。

哈勃对 20 世纪天文学做出了许多贡献，被尊为一代宗师。其最重要的贡献有两个：一是确认星系是与银河系相当的恒星系统，开创了星系天文学，建立了大尺度宇宙的新概念；二是发现了星系的红移-距离关系，促使现代宇宙学的诞生。

1929 年，他通过对已测得距离的 20 多个星系的统计分析，更进一步发现星系退行的速率与星系距离的比值是一个常数，两者间存在着线性关系。这一关系后被称为哈勃定律。这个速率被称为哈勃常数，也就是星系的速度同距离的比值。

这一结论意义深远，因为一直以来天文学家都认为宇宙是静止的。若认为红移是星系视向运动的多普勒效应造成的，则红移－距离关系表明，距离越远的星系正以越来越快的速度远离我们。运用广义相对论，人们通常把哈勃定律解释为宇宙膨胀的必然结果。哈勃定律的发现有力地推动了现代宇宙学的发展。

（7）爱因斯坦

爱因斯坦是美籍德裔犹太人。他创立了代表现代科学的相对论，为核能开发奠定了理论基础，在现代科学技术和他的深刻影响下开创了现代科学的新纪元，被公认为是自伽利略、牛顿以来最伟大的科学家、物理学家。爱因斯坦的质能方程 $E = mc^2$ 最著称于世，他因为“对理论物理的贡献，特别是发现了光电效应”而获得 1921 年的诺贝尔物理学奖。爱因斯坦总共发表了 300 多篇科学论文和 150 篇非科学作品。爱因斯坦被誉为是“现代物理学之父”及 20 世纪世界最重要的科学家之一。他卓越的科学成就和原创性使得“爱因斯坦”一词成为“天才”的同义词。

图 6－10　爱因斯坦

(8) 斯蒂芬·霍金

斯蒂芬·霍金是英国剑桥大学应用数学及理论物理学系教授，当代最重要的广义相对论和宇宙论家，被称为在世的最伟大的科学家，还被称为“宇宙之王”。20 世纪 70 年代他与彭罗斯一起证明了著名的奇性定理，为此他们共同获得了 1988 年的沃尔夫物理奖。他还证明了黑洞的面积定理，即随着时间的增加黑洞的面积不减。

图 6－11　霍金

霍金是当今科学界的一位传奇性人物。这不仅仅因为他是一位被誉为继爱因斯坦后最著名的科学家和最杰出的理论物理学家，还在于他是在常人无法想象的身体状况下进行研究和创造性工作的。霍金在 21 岁时不幸患上了会使肌肉萎缩的卢伽雷氏症，被禁锢在轮椅上，只有两根手指可以活动。1985 年，因患肺炎做了穿气管手术，被彻底剥夺了说话的能力，演讲和问答只能通过语音合成器来完成。但他超越了相对论、量子力学、大爆炸等理论而迈入创造宇宙的“几何之舞”。尽管他那么无助地坐在轮椅上，但他的思想却出色地遨游到广袤的时空。

6.3.2　中国天文史上的重要人物

(1) 张衡

张衡，东汉时期伟大的天文学家，字平子，南阳郡西鄂县（今河南省南召县）人。

图6－12 张衡

张衡提出了“浑天说”，初步提出了大地是球形的正确观念；使用了赤道、黄道、北极、南极等名词；记录了2 500颗恒星并绘制了第一张星图；第一次正确解释了月食的成因，说明月光是日光的反照，月食是由于月球进入地影而产生的；明确提出“宇之表无极，宙之端无穷”，认识到宇宙的无限性；认识到行星运动的快慢与距离地球远近有关等。他创制了世界上最早利用水利转动的浑象（也叫“浑天仪”）。汉顺帝阳嘉元年（132年），他创造了世界上第一架测地震的仪器（候风地动仪），并于汉顺帝永和三年（138年），验证了一次地震，从而开创了用仪器记录地震的新纪元。他还创造了世界上第一架观测气象的仪器（候风仪，又叫相风铜鸟），比欧洲的同类发明早了一千多年。世界上为了纪念他在天文学上的贡献，把月球背面的一个环形山和1802号小行星用他的名字来命名。他为中华民族争得了荣誉。

（2）祖冲之

祖冲之是我国南北朝时期杰出的数学家、天文学家。他的主要贡献在数学、天文历法和机械三方面。

祖冲之在世界数学史上第一次将圆周率值计算到小数点后七位，即3.141 592 6到3.141 592 7之间。他提出的约率22/7和密率355/113是世界上最早提出的，比欧洲早了一千多年，所以有人主张叫它“祖率”，也就是圆周率的祖先。他将自己的数学研究成果汇集成一部著作，名为《缀术》，唐朝国学曾经将此书定为数学课本。他编制的《大明历》第一次将“岁差”引进历法，提出在391年中设置144个闰月，推算出一回归年的长度为365.242 814 81日，误差只有50秒左右。

图6-13 祖冲之

除此之外，祖冲之还定交点月日数为27.212 23日（今测为27.212 22日），交点月日数的精确测得使得准确预报日月食成为可能；得出木星每84年超辰一次的结论，即定木星公转周期为11.858年（今测为11.862年）；给出了更精确的五星会合周期，其中水星和木星的会合周期也接近现代测得的数值；提出了用圭表测量正午太阳影长以定冬至时刻的方法。

祖冲之不仅是我国历史上杰出的科学家，而且在世界天文发展史上也有崇高的地位。为了纪念祖冲之对世界科学文化做出的伟大贡献，紫金山天文台将1964年发现的国际永久编号为1888的小行星命名为“祖冲之星”。

（3）僧一行

僧一行是唐代天文学家、高僧，魏州昌乐（今河南南乐）人。他出身于官宦世家，自幼刻苦学习，博览经史，又精通历象、阴阳、五行之学，后出家为僧，师从禅宗大师普寂，法名一行。他访师求学，先后到剡州天台山、荆州当阳山学习佛教经律和天文。717年被召回长安，从事修订历法。724年起，主持天文大地测量，在全国设立12个观测站，第一次用科学方法测量子午线，测出子午线每一度为三百五十一里八十步（折合129.22千米，现代测量数为112.2千米），开创了中国通过实际测量认识地球的先河。他又制成黄道游仪和水运浑天仪。他在总结前人和参考天竺历法的基础上，进行大量的观察研究，在去世前编成新的历法《大衍历》。

（4）郭守敬

郭守敬是我国元朝杰出的天文学家、数学家。1276 年，郭守敬修订新历法，经过 4 年时间制定出《授时历》，是当时世界上最先进的一种历法。

为了编历，郭守敬创制和改进了简仪、高表、候极仪、浑天象、仰仪、立运仪、景符、窥几等十几件天文仪器；还在全国各地设立 27 个观测站，进行了大规模的“四海测量”，测出的北极出地高度平均误差只有 0. 35 米；新测二十八宿距度，平均误差还不到 5 分；测定了黄赤交角新值，误差仅 1 分多；取回归年长度为 365. 242 5 日，与现今通行的公历值完全一致。

郭守敬、王恂等同尼泊尔的建筑师合作，在大都兴建了一座新的天文台，台上就安置着郭守敬所创制的天文仪器。它是当时世界上设备最完善的天文台之一。元世祖接受郭守敬的建议，派了 14 位天文家到当时国内 26 个地点（大都不算在内），进行几项重要的天文观测。在其中的 6 个地点，特别测定了夏至日的表影长度和昼、夜的时间长度。这些观测的结果都为编制全国适用的历法提供了科学的数据。这一次天文观测的规模之大，在世界天文学史上也是少见的。

为纪念郭守敬的功绩，人们将月球背面的一个环形山命名为“郭守敬环形山”，将小行星 2012 命名为“郭守敬小行星”。

人类探索宇宙的脚步从来没有停止过。中外天文探索取得的成就、航天科技的发展、航天科技在日常生活中的应用，近代天文学的重大发现和国内外对天文学发展起到重要作用的人物，为人类探索宇宙奥秘奠定了坚实的基础。中国是世界上天文学起步最早的国家之一，曾在天象观察、仪器制作和编订历法等方面取得了不少世界领先的成就。但在近代陷于停滞，落后于西方。希望能有更多热爱天文的青少年加入到宇宙探索的队伍中来，再创我国天文学的辉煌。

结 语

“世界上有两件东西能够深深地震撼人们的心灵，一件是我们心中崇高的道德准则，另一件是我们头顶上灿烂的星空。”——这是德国著名哲学家伊曼努尔·康德的一段名言。神秘星空带给我们的绝不仅是心灵上的震撼，而且由此产生了一个学科——天文学。

1. 学科特性及其对经济社会的影响

天文学是研究宇宙中天体及其系统的形成、结构、活动和演化的科学。天文学以观测的天体信息和实际探测为基础，是一门古老而又富有生命力的学科。它也研究如何利用天体知识来造福人类。探索天体演化是人类认识自然规律中的最根本的问题之一。天文学与其他科学技术相互影响、相互促进，它与我们的生存环境息息相关，它在提高全民族的文化素质、培养科技人才和树立正确的世界观等方面有着不可替代的作用。

（1）促进社会生产力的快速发展。天文学的诞生和发展是与人类社会的需求和科学技术的进步分不开的。早在原始农业发展时期，当人们发现季节变化与天文现象有关而开始有意识地观测天象时，天文学就诞生了。在古埃及，人们很早就把天体的出没规律与尼罗河河水涨落及泛滥的关系结合在一起；在中国、印度、古巴比伦这些古代文明发达的地区，几千年前的人们就观察天象，编制历法，指导农牧业生产，创造了古代天文学的辉煌，有力地促进了生产力的发展。

（2）揭示宇宙奥秘的带头学科。16 ~ 17 世纪，随着哥白尼日心说的提出、望远镜的发明及牛顿力学的创立，人类认识宇宙发生了第一次飞跃，天文学取得了划时代的进展，有力地促进了自然科学的革命，推动了数学和力学的发展。19世纪中叶，随着天体摄像和分光技术的发明，诞生了天体物理学，天文学产生了新的飞跃；20世纪中叶以来，电波望远镜开始广泛应用于天文观测，在1960年取得了被称为“天文学四大发现”（微波背景辐射、脉冲星、类星体和星际有机分子）的新成就；随着射电、光学和航天技术的不断发展，人类可以突破地球大气层的阻隔，到地球以外观测天体的紫外线、红外线、X射线、γ射线等波段的辐射，天文学发生了革命性的变革，进入了全波段发展的新时代。激动人心的发现不断涌现，新认识、新理论层出不穷，天文学空前活跃起来，成为自然学科中最活跃的前沿学科之一，在人类认识宇宙的第二次飞跃中成为无可争辩的主角和带头学科。

（3）推动关联学科的进步。天文学是观测科学，观测手段、技术和方法的改进常常是天文重大发现和突破的先导。天文学的研究反过来又常会对技术进步产生重大的影响。历史上牛顿运动定律的发现、核聚变概念的发展，都对近代科技发展起过重大的作用；现代天文观测和研究追求极微弱信号的探测、极高的空间和时间分辨率、极精准的空间定位和计时等，这些要求无疑会对技术的进步产生巨大的推动作用。航天技术和产品也日益走进百姓的生活，大到航天发射特种技术、低温技术及加注技术等应用于汽车电子类、新能源设备等领域，衍生广泛的高科技含量产品；小到数码相机、微波炉、条形码、纸尿裤等这些便利我们日常生活的发明，最初都是为了航天发展的需要而创造的。

（4）提高全民科学素质。天文学在提高全民族的文化素质、培养科技人才和树立正确的世界观等方面也有着不可替代的作用。宇宙丰富多彩、充满魅力，自古以来就吸引了人类极大的兴趣和关注。以研究宇宙为根本任务的天文学自然就成为传播科学知识和科学思想方法最积极而有效的学科之一。天文学的每一项重大成就都大大地丰富了人类的知识宝库，给愚昧和迷信以沉重打击。哥白尼的日心学说把自然科学从神学中解放出来，开创了人类思想史上第一次伟大的革命就是最好的例证。培养高素质的劳动者和专门人才，对我国21世纪社会和经济的发展有着重大战略意义。天文学在提高全民族素质的历史性任务中无疑有着不可替代的作用。它不仅可以培养人们强烈的求知愿望、勇于创新的精神和科学的思维方法，而且可以帮助人类认识自己在自然界和宇宙中的地位，树立起辩证唯物主义的认识论和正确的世界观。

2. 学科现状与热点问题

当代天文学发展的最显著特点是观测手段的迅速发展和全波段研究的开拓。近年来一系列大型的先进设备相继投入使用，包括口径十米级的光学望远镜、口径2.4米的哈勃空间望远镜、高灵敏和高空间分辨率的空间紫外、红外、X射线和γ射线望远镜、地面和空间长基线射电望远镜等。这些设备的使用使各波段的空间分辨率和探测能力都有量级的提高，从而使各波段的观测资料第一次得到匹配，开创了天文学全波段研究的崭新纪元。

在探测手段和能力方面，当前国际上天文学的发展重点有四个：一是追求更高的空间、时间和光谱分辨率；二是追求更大的集光本领和更大的视场，以便进行更深的宇宙探测；三是实现全波段的探测和研究；四是建立资料更完善、使用更方便的数据库。

在研究内容方面，当代天文学的主流是天体物理学，研究的重点是天体的活动和演化。具体地说包括：①对太阳的研究，除了建立全球观测网对日震学开展深入研究外，突出地集中在两个方面：一是对日地空间和人类活动有重大影响的太阳活动研究；二是对太阳表面和太阳活动的基本磁元及其基本物理过程的高分辨率观测和研究。②对太阳系的研究成为十分活跃的领域，登陆行星甚至小行星的人造卫星计划已经或正在实现，这一方面是为了直接探测地外生命的各种形式，对于生命起源的研究有重大意义；另一方面是为了探明地外物质资源的分布，便于人类今后的开发和利用。③在恒星层次，最活跃的研究领域是对恒星的早期和晚期演化及相关的物理过程和活动现象的研究。作为恒星演化的归宿和恒星层次最剧烈的活动，超新星及其前身星、中子星、脉冲星和恒星级黑洞等致密天体的研究是天体物理研究最活跃的前沿领域之一。④在星系和宇宙层次，探索星系的形成与演化，研究宇宙大尺度结构和研究宇宙早期物理过程的时代已经到来。银河系提供了关于星系整体的图像，对银河系核球的研究取得了重要进展，它为研究星系核提供了一个很好的样本；占星系总数10%以上的类星体和活动星系核，以其巨大的辐射能量、中心可能存在的巨型黑洞、奇特的辐射性质以及视超光速和喷流等丰富多彩的活动，成为星系研究中的前沿热门领域。宇宙中星系大尺度结构的发现，加上微波背景的高度均匀性，向宇宙学的传统模型提出了挑战，解决问题的出路之一是假定宇宙中存在大量的暗物质，但暗物质的本质和来源又成为宇宙学和物理学研究中的一大难题。宇宙参数的进一步测定又把宇宙学的研究推向了新的高潮。近年来，太阳系天体动力学是国际天文学研究中活跃的方向之一，取得了重要的成就和重大进展，解决了一百多年来未解决的问题。未来非线性天体力学仍将蓬勃发展；天体力学、天体测量与其他学科之间相互渗透成为新的发展方向；应用天体力学，特别是卫星动力学将成为研究重点之一；亚毫米级和微角秒级的天体测量工作也将成为新的研究热点和前沿。

3. 中国天文学的成就与现状

中国是世界上天文学起步最早的国家之一，曾在天象观察、仪器制作和编订历法等方面取得了不少世界领先的成就。我国有世界上最早、最完整的天象记载，在安阳出土的殷墟甲骨文中已有丰富的天文记录；对哈雷彗星观测记录之久远、之详尽被世界天文界公认无他国可比。在仪器制造方面也做出了杰出贡献，创造性地设计和制造了诸如土圭、浑天仪等许多种精巧的观察和测量仪器。我国古代根据观测结果上百次地改进历法，1280 年郭守敬编订《授时历》，计算出一年有 365. 242 5 天，这个数值与现今世界上通用的公历值只相差 26 秒，比欧洲人确立公历的时间要早 302 年。我国还涌现出了张衡、祖冲之、僧一行等著名的天文学家。但在近代天文学陷于停滞，落后于西方。

20 世纪 80 年代以来，我国天文学研究有了长足的发展，逐步形成了从人才培养、仪器设备研制、观测和理论研究到应用服务的较完整的体系。在国际核心杂志上发表的论文大大增加，有些成果在国际上有较高的显示度和影响。我国天文学家还担任了国际天文学联合会副主席和专业委员会主席等重要职务。我国天文学研究的总体水平在发展中国家中位居前茅，在国际上也成为一支不可忽视的力量。尽管我国天文学研究已经取得了显著的进步和发展，但也应该看到，同世界先进水平相比，差距仍然很大。

天文学还同研究地球和空间环境息息相关。地球是我们赖以生存的唯一家园，它的大气、海洋、地壳变形、自转等多种因素及其对天文因素的响应都会影响到人类的居住环境。地球和空间环境的保护与利用，涉及全球气候变化研究、大气臭氧层保护、厄尔尼诺现象、地震和旱涝的预测以及小行星撞击地球的监测等。卫星的监测、空间碎片的研究以及自主的时间服务系统可以为国家安全和航天器的安全提供保障。这些重大的问题与人类生存和社会发展密切相关，而这些问题的解决需要天文学和地球科学的交叉研究。

让天文学从神秘高深的科学殿堂里走出来，成为人们生活中不可缺少的一部分，以达到净化精神、陶冶情操、提升素质的目的，这是历史和社会赋予天文学家、科普工作者以及具有天文知识的专家学者的崇高责任与义务。

参考文献

[1] 苏宜．天文学新概论［M］．4 版．北京：科学出版社，2009.

[2] 丁章聚．天文知识大观［M］．4 版．北京：时事出版社，2009.

[3] 余明．地球概论［M］．4 版．北京：科学出版社，2010.

[4]（德）拉尔斯·林伯格·克里斯滕森．宇宙大碰撞［M］．陈冬妮，译．南宁：广西科学技术出版社，2013.

[5] 林元章．话说宇宙［M］．4 版．北京：科学出版社，2013.

[6] 传奇书系编委会．解构宇宙［M］．4 版．北京：北京理工大学出版社，2009.

[7]（英）帕特里克·摩尔，大爆炸——宇宙通史［M］．李元等，译．南宁：广西科学技术出版社，2010.

[8] 谢宇．浩瀚无垠的宇宙［M］．4 版．北京：机械工业出版社，2012.

[9]《探索魅力科学》编委会．宇宙大探秘［M］．4 版．北京：中国长安出版社，2012.

[10] 刘自强．地球科学通论［M］．4 版．武汉：中国地质大学出版社，2007.

[11] 黄建华．新课标必读文库——世界未解之谜［M］．延边：延边人民出版社，2006.

[12] 白光润．地球科学导论［M］．北京：高等教育出版社，2006.

[13] 张广明．太空知识探秘．呼和浩特：内蒙古人民出版社，2009.

[14] 陈功富．神奇的太阳系．哈尔宾：黑龙江人民出版社，2000.

[15]（美）纽康．通俗天文学．当代世界出版社，2006.

[16]（美）M·L·库特纳．天文学家物理新视野．萧耐园，胡方浩，译．长沙：湖南科学技术出版社，2005.

[17] 苏宜．宇宙掠影：天文学概要．郑州：河南人民出版社，2006.

[18] 郑红蕾．宇宙未解之谜．天津：百花文艺出版社，2008.
[19] 李朝晖．新编自然百科．成都：四川美术出版社，2005.
[20]《360°谜境寻踪》编写组．太空之谜——360°谜境寻踪．呼和浩特：内蒙古少年儿童出版社，2006.
[21] 徐振成．身边的天文．北京：中国林业出版社，2002.
[22]（英）戴维·杰弗里斯．太空机器人．杭州：浙江教育出版社，2011.
[23] 崔钟雷．小学生十万个为什么　宇宙自然．长春：吉林美术出版社，2011.
[24] 田福中，李自芳．太空地球之旅·破译天下之谜．北京：北京燕山出版社，2010.
[25] 欧阳云飞．人类之谜全知道．北京：当代世界出版社，2010.
[26] 林葳．你不可不知的 2500 条地理常识．呼和浩特：内蒙古文化出版社，2011.
[27] 杨旭．中国少年儿童百科全书 A 卷　学生彩图版名师导读版．汕头：汕头大学出版社，2010.
[28] 墨人．新编彩版十万个为什么．天文地理彩色图文版．北京：中国戏剧出版社，2007.
[29] 韩震．培养孩子解决问题的探索故事．长春：吉林出版集团有限责任公司，2011.
[30] 包群．十万个为什么 第五卷．西安：陕西旅游出版社，2005.
[31] 雅瑟，张凯．世界神秘现象大全集．上海：立信会计出版社，2011.
[32] 于今昌主编．探索太空奥秘．长春：长春出版社，2012.
[33]（意）贝罗奇．地球背面的天空　太阳系漫游．西安：陕西人民出版社，2012.
[34] 林青．彩色图解版 21 世纪十万个为什么·宇宙探索．北京：北京工业大学出版社，2010.
[35] 郑沙．纵横太阳系．呼和浩特：远方出版社，2004.
[36] 雅瑟，张凯．世界神秘现象大全集　超值金版．上海：立信会计出版社，2011.

[37] 绿阳，卓尔．人民悦读丛书　百科文萃．乌鲁木齐：新疆人民出版社，2011.

[38] 张琪．探索未知的宇宙世界　精编版．长春：吉林大学出版社，2011.

[39] 文昊．人与自然　地球篇．乌鲁木齐：新疆美术摄影出版社，2010.

[40] 中国少年儿童报刊工作者协会．《中国儿童报》卷．北京：同心出版社，1997.

[41] 美狄亚．神奇的巧合匪夷所思的预言与可怕的巧合．北京：台海出版社，2011.

[42] 刘南．地球与空间科学．北京：高等教育出版社，2010.

[43] 叶永烈．星际旅行指南．北京：朝华出版社，2012.

[44] 王志勤．自然科学与高技术概论．北京：中共中央党校出版社，1993.

[45] 丁章聚．天文知识大观．北京：时事出版社，2009：56－86.

[46] 传奇书系编委会．星际探索．北京：北京理工出版社，2009.

[47] 传奇书系编委会．解构宇宙．北京：北京理工出版社，2009.

后 记

本卷是《科普通鉴》26卷之一，由刘玉振和赵自胜统稿和核稿。

接到本书的编写任务后，我们立即召开编写会，组织相关专家和编写人员，多番研讨，几经易稿，终于完成了创作。第一章和第二章由赵自胜编写；第三章由赵自胜和刘玉振编写；第四章由姜蕾和范蕾蕾编写；第五章由范蕾蕾编写；第六章由刘玉振、陈丽和王运菲编写。

虽然我们做出了很大的努力，但由于学识所限，书中肯定还存在不少问题，我们真诚希望有关专家和广大科普工作者提出批评意见。

欧洲航天局发布的宇宙全景图

仙女座旋涡星系 M31

风车星系 M101

类星体背后隐藏着超大质量的黑洞

共生星

蝴蝶星云

猫眼星云

玫瑰星云

三叶星云

螺旋星云

猎户座星云

超新星遗迹——蟹状星云

草帽星系 M104

棒旋星系 NGC1300

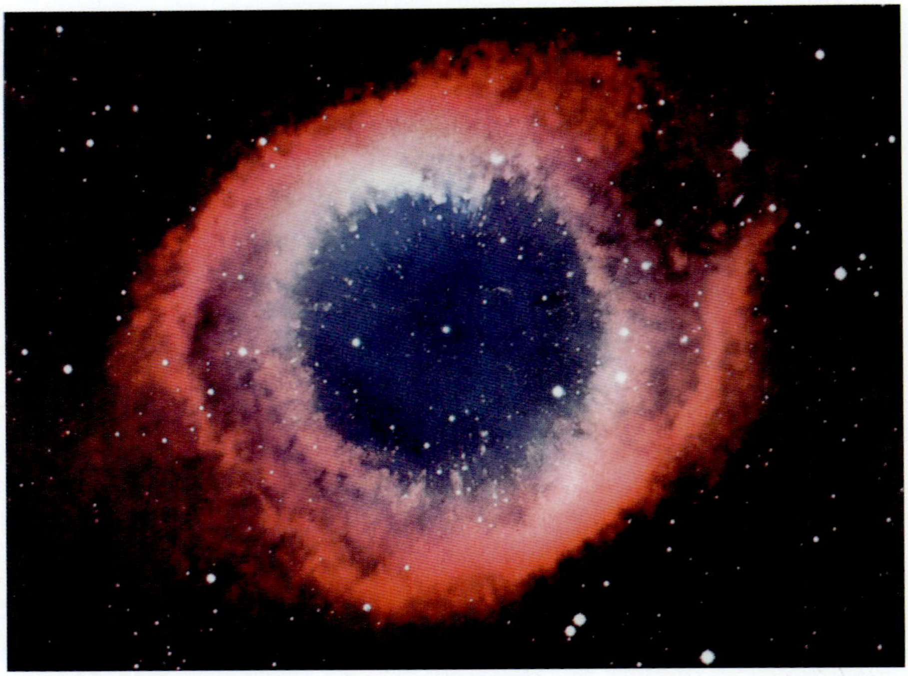

马蹄星云

沙漏星云